情報メディア史・メディア・アンソロジー

情報技術の加速度的な進展は新しいメディアを次々と発生させ、通信と放送、出版とアーカイヴ、現実と虚像、プライベートとパブリックといった異質な場が融合し、混在する状況をさまざまに生みだしています。

情報メディアとはもはや従来のような固定した直線的な伝達媒体ではなく、私たちのまわりを包むこみ、感覚や無意識を大きく変えてゆく環境媒体なのです。情報メディアは単なる情報やメッセージを伝える容器ではなく、人の生活や生存など生の全体性にまでおよんでゆく新しい自然だと言ってもいいかもしれません。そのような自然を理解するためには複合的な視点を組みあわせてゆく思考と、部分と全体の関係を見失わないアプローチが不可欠でしょう。

この表は、こうした観点から情報メディアの歴史を概観し、メディアについての考えの変遷をたどりながら社会のなかで情報メディアが果たす役割や影響を理解しようとするものです。メディアの世紀が繰りひろげてきた創造と思考のショーケースを本文と照らし合わせながらさまざまな形で活用ください。

年表参考文献
港千尋『映像論』(NHKブックス)、
植条則夫編著『映像学原論』(ミネルヴァ書房)、
伊藤俊治『テクノカルチャー・マトリックス』年表(NTT出版)、
松岡正剛監修『情報の歴史』(NTT出版)他。

1900

1900 パリ万博でルイ・リュミエールの360度スライド映写装置「フォトラマ」が上映。
パリ万博でエミール・レイノーの長編彩色動画「テアトル・オプチーク」が公開。
パリ万博でクリモア・サンソンの360度気球形式映画「シネオラマ」が上映（オムニマックス装置の原型といえる）。
ビクターの「ヒズ・マスターズ・ヴォイス」シリーズが録音開始。

1901 レオン・ゴーモンが発声映画装置「バイタホーン」完成（サウンド・トラック映画の原型）。
マルコーニ、初の大西洋横断無線通信に成功。

1902 ジョルジュ・メリエス『月世界旅行』。
スティーグリッツとスタイケンがニューヨークで「フォト・セセッション」結成。

1903 リュミエール兄弟がオートクローム写真（カラー写真の原型）を発明。

1904 ニューヨークに291ギャラリーが開設。
フレミングがラジオ用二極真空管の特許。

1905 ジープスが発声装置「シネフォン」を開発。
ロルタックがコマ撮りアニメーションで『メカノ博士』を制作。

1906 コルンが1800キロ間の写真電送に成功。
フェッセンデンが初のラジオ放送に成功。

1907 ユナイテッド・プレス（UP通信社）設立。

1908 アーバンが色彩映画「キネマカラー」を発表。
スウィントンが陰極線管テレビジョン方式を開発。
ヨハンセンが「遺伝子」を命名。

1909 ロージングが無線を使った機械式テレヴィジョン・システムを開発。
マリネッティ『未来派宣言』。

1910

1910 ニューヨークで組み立て式ラジオ受信機を発売。

1911 映画の多重撮影技法「マットアート」が開発。
ハリウッドに最初の映画撮影所開設。

1912 コダックが「ベスト・ポケット・コダック」を発売。
タイタニック号、北極海で沈没。

高次化する能力の外化へ向う人間

今日確かなことは、すべてをよりよく模倣した後では、すべてを思いだし、最も複雑な状況を誤りなく判断する機械がまもなくつくられるだろう、ということである。それは大脳皮質がどんなにすばらしいものでも、手や眼のように不十分なものとなって、エレクトロニクス的な分析方法がそれに取ってかわり、ついには彼の現状からいえば生ける化石となった人間の進化がこの先続くためには、神経単位（ニューロン）とは別の道がたどられるだろうということを示しているにすぎない。より積極的な意味では、その器官が専門分化しすぎる危険をまぬがれ、その自由を最大限に利用するために、ますます高次化する能力をしだいに外化する方向へ、人間が導かれているということが確認されるわけである。（アンドレ・ルロワ＝グーラン『身ぶりと言葉』荒木亨訳／新潮社）

1913 トーマス・エジソンが初のトーキー映画を公開。
セル・アニメーションが開発。
ルイジ・ルッソロが「イントナルモーリ」を制作。
ポータブル蓄音機「デッカ・ポータブル」発売。
1914 クラインシュミットが「テレタイプ」を考案し、通信速度が短縮。
1915 ハートフィールドとグロッスがフォト・モンタージュ法を発明。
ニューヨークとサンフランシスコで電話開通。
1916 グリフィス『イントレランス』。
1917 マン・レイが「レイヨグラム」法を発明。
1918 ベル研究所が模範電話方式を考案。
1919 アダムスとハーラが赤外線写真を発明。

1920

1920 家庭用小型映画装置「パテ・ベビー」が発明。
アナグリフ方式による立体劇映画が流行。
ピッツバーグで初の商業ラジオ放送局認可。
1921 モホリ＝ナギがフォトグラム法を開始。
カレル・チャペック『R・U・R』でロボットを登場させる。
1922 英国のBBCがラジオ放送開始。
1923 高柳健二郎がテレヴィジョン研究開始。
1924 ツヴォリキンがキネスコープ（テレビの画像管）発明。
1925 ジョン・ベアードが実用的テレビジョンを発明。
モホリ＝ナギ『絵画・写真・映画』。
1926 フリッツ・ラング『メトロポリス』。
ガーンズバックが電子楽器ピアノラを発明。
1927 アベル・ガンスが三面スクリーン映画『ナポレオン』を公開。
トラウトヴァインが電子楽器トラウトニウムを発明。
1928 GE社がニューヨークでテレビ実験放送開始。
フロイマーが磁気テープを開発。
1929 ベアードがテレビのカラー伝送に成功。
フランツ・ローが「フォトアウゲ（写真眼）」を発表。

1930

1930 マン・レイがソラリゼーション法を開発。
ベルトフのトーキー映画『熱狂』で、音と映像を同等に扱う。
1931 ベンヤミン『写真小史』。
1932 ランドがポラロイド・フィルム発明。
エドワード・ウェストンがF64グループを結成。
テクニカラー開発。
1933 ツヴォリキンがアイコノスコープ（撮像管）を発明。
RCAが初のテレビ試験放送に成功。
1934 リンクがフライト・シミュレーターの原型ともいえる「リンク・トレイナー」を開発。
1935 コダックがコダクロームを発売。
リーフェンシュタール『意志の勝利』。
1936 チャップリン『モダン・タイムス』。
アラン・チューリングが「チューリング・マシン」を提起。
1937 ベルタランフィ『一般システム論』。
1938 レイモンド・ローウイ『流線形型機関車』。
1939 ニューヨークの万博で未来都市のシミュレーション「フューチャラマ」。

1940

1940 イワノフがレンチキュラー方式の「ステレオキノ」を開発。
1941 ツァイス社が位相顕微鏡開発。
1942 アタナソフとベリーが真空管を使った純電子式デジタル・コンピュータを開発。
1944 シュレディンガー『生命とは何か』。
1945 ヴァネヴァー・ブッシュが「MEMEX」を提唱。
1946 セログラフィ（乾式複写法）開発。
最初の電子計算機「ENIAC」完成。
1947 ノイマンが世界最初のプログラム内蔵式コンピュータ（EDVAC）を開発。
ガボールがホログラフィーを発明。
1948 コロンビアがLPレコードを、RCAビクターが7インチ・シングルレコードを発表。
ベル研究所がトランジスタ発明。
シャノンが情報理論を提唱。
ウィナー『サイバネティクス』。
シェフェールが初のミュージック・コンクレート作品を発表。
1949 MITでCRT実験。

1950

1950 デイヴッド・ホイーラーが初のCG『高原のダンサー』。
アラン・チューリング『計算機構と知能』（チューリング・テスト）。
1951 マーヴィン・ミンスキーが世界初のニューロ・コンピュータの試み。
ケルン電子音楽スタジオ開設。
1953 シネマスコープ開発。
ワトソンとクリックがDNA二重らせんを発見。
1954 ニコラ・シェフェール『空間力学・サイバネティクス・音響塔』。
1955 70ミリ映画完成。
1956 ヴィデオ・テープが実用化。
モートン・ハイリグが体感マシン「センソラマ」を開発。
ジョージ・ケペッシュ『ニューランドスケープ』。
1957 ジョン・ホイットニーがモーション・コントロール・カメラを開発。
スプートニク1号打ちあげ成功。
1958 NASA設立。
1959 第二世代プログラミング言語「COBOL」開発開始。
テキサス・インスツルメンツ社がIC（集積回路）を開発。
ノイスが写真処理技術を使いシリコン・チップの製造開始。

1960

1960 ソニーがトランジスタTVを発表。
1961 ジョナス・メカスらがアンダーグラウンド映画宣言。
1962 MITのAIラボでTVゲーム「スペース・ウォー」制作。
サザランドが「スケッチパッド」を開発。
1963 日本ビクターが家庭用VTR発売。
ナム・ジュン・パイク『音楽の展覧会／電子テレビ』で初のヴィデオアートの試み。
1964 モーグ・シンセサイザー発売。
1965 走査型電子顕微鏡開発。
1966 ワイゼンバウム『イライザ／人と機械の自然言語コミュニケーション』。
1967 テッド・ネルソンがハイパーテキスト・システム「ザナドウ」を提唱。

人間社会の相互関係を変えるメディア

20世紀になってから技術革新がありあまるほどのメディアを次々と生みだした。この変化のなんと速いことか。あなたの祖父はラジオのない生活をしたかもしれない。父はテレビのない頃を覚えているだろうか。あなたが生まれた頃にはまだステレオ装置はなかったかもしれない。そしてメディア技術の面ではあなたが生まれる前の何世紀にもわたるすべての発明より大きな発明以上のことが、あなたの生きているうちに実現しそうだ。人間は誰しも自分が生まれてきた時代の技術と文化から離れられない。たまたま写真技術の初期に生まれた人たちは、写真に写った姿は実物の生きうつしであり代理であるという考え方にすぐ慣れてしまった。写真が人間の意識に広く微妙な影響をもたらす以前の時代を、あなたは本当に実感できるだろうか。メディア技術はただ便益をもたらすだけではなく、人間社会内部の個人間の相互関係まで変えてしまう。このことは現代社会が依存しているメディアの一つが、消えてしまった状態を考えてみるとよくわかる。突然の天変地異で、電話システムが消滅してしまったら、現在の都市文明は、完全とは言わないまでも、激烈な変化を受けるだろう。（ゲーリイ・ガンパート『メディアの時代』石丸正訳／新潮社）

人間の知覚が映画的性格をもちはじめる

ものの内部の生成に密接するかわりに、私たちはものの外側に立ってその生成を人工的に再構成しようとする。私たちは過ぎてゆく事象を擬瞬間的ないくつかの眺めに写しとり、それを認識装置の底におかれた抽象的かつ一様で隠れた生成にそってつなぎあわせる。それらの眺めはその事象の特徴をうつしたものだから、つなぎあわせるだけで生成そのものの特徴は真似られるだろう。知覚や知識や言語は一般にこういう調子でやってゆく。生成を思考する場合、表現する場合、あるいはそもそもそれを知覚する場合、いずれにせよ私たちのすることはほぼ一種の内部映画の作動以上のことではない。このようにみるなら、以上述べてきたことすべてを要約してこう言えるかもしれない。私たちの通常の知識の仕掛けは映画的な性質をもつと。（アンリ・ベルグソン『創造的進化』松波信三郎、高橋允昭訳／白水社）

複製メディアは対象を歴史から引きはがす

失われてゆくものをアウラという概念でとらえ、複製技術の進んだ時代のなかで滅びてゆくものは作品のもつアウラであると、言いかえてもよい。このプロセスこそ、まさしく現代の特徴なのだ。このプロセスの重要性は単なる芸術の分野をはるかに超えている。一般的に言いあらわせば複製技術は、複製の対象を伝統の領域から引きはなしてしまうのである。複製技術は、これまでの一回限りの作品の代わりに、同一の作品を大量に出現させるし、こうしてつくられた複製品をそれぞれ特殊な状況のもとにある受け手のほうへ近づけることによって、一種のアクチュアリティを生みだしている。この二つのプロセスは、これまでに伝承されてきた芸術の性格そのものを激しく揺さぶらずにはおかない。（ヴァルター・ベンヤミン『複製技術の時代における芸術作品』）高木久雄他訳／晶文社

メディアは時代と文明を巧妙に支配してゆく

他の文明についての我々の知識は、各々の文明によって用いられるメディアの性格にほとんど依存している。粘土板や石に書きつけられたものは、パピルスに書きつけられたものよりも効果的に保存されてきた。耐久性をもった日用品は時間と連続性を強調するので、トインビーのような文明研究は宗教へ傾く傾向があり、空間の問題、とくに行政や法律といった問題を軽視する傾向がある。新聞やラジオに付随して生じる近代文明の傾向は、他のメディアによって支配された諸文明を研究するにあたって、一つのパースペクティヴをあらかじめ設定してしまうだろう。我々はこの近代文明の傾向が内包しているものに絶えず注意を払わねばならない。また他のメディアのさまざまな文明に対する関係を考慮することは、我々自身のメディアを明確に理解することを可能にするかもしれない。（ハロルド・イニス『メディアの文明史』久保秀幹訳／新曜社）

個人生活のあらゆる側面を変えてゆくメディア

現代のメディア、またはプロセス、つまり電気テクノロジーは社会生活に見られる相互依存のパターンや個人生活のあらゆる側面をつくり変え、組みなおしつつある。それは我々にこれまで当然とされてきた思想、行動、制度のほとんどすべてを再考慮し、評価するように迫っている。すべてのものが変わりつつある。あなた、あなたの家族、あなたの隣人、あなたの教育、あなたの仕事、あなたの政府、あなたの他人との関係が。しかもその変化は急激である。（マーシャル・マクルーハン『メディアはマッサージである』南博訳／河出書房）

1967 テッド・ネルソンがハイパーテキスト・システム「ザナドウ」を開発。

マンデルブロートがフラクタル理論提唱。

1968 アイヴァン・サザランドが三次元HMD開発（ヴァーチャル・リアリティの原型）。

スタンリー・キューブリック『2001年宇宙の旅』。

1969 アラン・ケイがダイナブック（パーソナル・コンピュータ）構想を提唱。

テッドホフがマイクロプロセッサー開発。

シーグラフ発足。

1970

1970 大型立体映像システムIMAX開発。
大阪万博で各種の映像を駆使した展示システムが展開。
デニス・ガボール「シンクロ・エナジャイザー」開発。
フロッピーディスク開発。
1971 ラムテク・アイダン社がピクセル表示モニター「ラスタ・スキャンCRT」を開発。
1972 フィリップス社がレーザーディスク開発。
1973 初のデジタル画像処理映画『ウエストワールド』。
1975 マイクロソフト社設立。
J・ホーランドが遺伝子的アルゴリズムを提唱。
1976 VHS式ビデオ発売。
アップル・コンピュータ社設立。
1977 ジョージ・ルーカス『スターウォーズ』
超LSI開発、第4世代コンピュータはじまる。
自由ラジオ運動はじまる。
ジョン・C・リリイ『サイエンティスト』。
1978 アーケード・ゲーム「スペース・インベーダー」。
1979 ソニーが『ウォークマン』発売。
グレゴリィ・ベイトソン『精神と自然』。

1980

1980 CNN US開局。
1981 NHKがハイビジョンを提唱。
MTV開局。
1982 クリックが記憶のモデル発表。
ソニーとフィリップスがCD発表。
世界初のCG映画『トロン』。
1983 ダグラス・トランブル『ブレイン・ストーム』
マイロン・クルーガー『人工現実』。
MITがメディア・ラボ設立。
1984 8ミリ・ヴィデオ・カメラ発売。
クリス・ラングトン「セル・オートマトン」。
アップル社、マッキントッシュ発売。
1985 ジャロン・ラニアーが世界初の実用VRシステムを開発。
スコット・フィッシャーらが仮想環境再現プロジェクト開始。
CNN International、開局。
1986 リチャード・ドーキンス「バイオモルフ」
1987 CD-ROM登場。
日本のパソコン通信サービス、NIFTY-SERVE開始。
1988 アメリカでインターネット普及。
1989 VPL社、ジャロン・ラニアーのRB2システムを発売。
任天堂がゲームボーイ発売。

1990

1990 MOMAで「インフォーメーション・アート」展。

1991 アップル社が「Quick Time」を発表。

リーナル・トーヴァルズ、Linuxを提唱。

1992 ソニーがMD、MDウォークマン発売。

1993 インターネット・ブラウザ「NETSCAPE」発表。

HTML1.0が措定、公表される。

ポケベルが普及。

1994 デジタル・ヴィデオ・カメラ発売。

携帯電話とPHSが普及。

1995 任天堂とセントギガが衛星放送でソフト配信開始。

マイクロソフト社が「Windows 95」発売。

1996 次世代フィルム・システムAPS発売。

日本でデジタル多チャンネル放送開始。

1997 IBMの超並列処理コンピュータ「ディープ・ブルー」がチェス公式試合で、
世界チャンピオンのカスパロフに勝利。

1998 WWWコンソーシアム、データと文章をインターネット上で交換する
マークアップ言語「XML」を標準認定。

モトローラ社、衛星電話サービス「イリジウム」を開始。

マイクロソフト社が「Windows 98」発売。

1999 ソニー、小型ロボット「AIBO」を発売。

NTTドコモ、iモードサービスを開始。

2000

2000 IT革命ブーム。
1月よりBSデジタルハイビジョン放送、12月よりBSデジタル放送開始。
ソニー・コンピュータエンタテインメント「プレイステーション2」発売。
2001 新種のコンピュータ・ウイルスの被害続発。
アップル社がMP3プレイヤー「iPOD」を発売。
NTTドコモ、第3世代携帯電話サービス「FOMA」開始。
マイクロソフト社が「Windows XP」発売。
2002 NECが地球環境問題解決のためのスーパーコンピュータ「地球シミュレータ」完成。
2003 MITが次世代バーコードとして開発を進めてきた
無線で識別できるICタグが「EPC」の名で国際標準化。
ヒトゲノム計画終了。
2004 IBMがITの経済性向上をめざした「仮想化エンジン」を開発、
OSが違うサーバーを一元管理し、コンピュータやストレージの仮想プールを形成。
2005 インターネット動画共有サービス「YouTube」開始。
2006 インターネット・コミュニケーション・サービス「Twitter」開始。
ワンセグ放送対応携帯電話「FOMA P901iTV」発売。
2007 Apple社が「iPhone」を発売。
2009 マイクロソフト社が「Windows 7」発売。
2010 ジェームズ・キャメロン3D映画『アバター』。

メディアはマス・イリュージョンを演出している

もっとも困難で、もっとも我々を当惑させる発見は、我々一人一人が自分を解放しなければならないということである。我々は大量幻覚（マス・イリュージョン）にかかっているのかもしれないが、大量覚醒（マス・ディスエンチャントメント）のための公式はないのである。疑似イベントの法則によって、大量覚醒のためのあらゆる努力そのものが、我々の幻影をいっそう飾りたてるのである。（D・J・ブーアスティン『幻影の時代／マスコミが製造する真実』星野郁美、後藤和彦訳／東京創元社）

メディアは日常生活の出来事に意味を与えている

メディアとは体験を知識に変換するものの ことである。換言すればメディアは日常生活の出来事に意味を付与する記号を提供する。メディアは我々の体験を構成する知覚表現や出来事の流れに形と焦点、それゆえに意味を与える。だから我々は我々の必要とするさまざまな理論のタイプの価値判定という問題に連れ戻される。我々は自分にとって重要なことを研究しているのだということを思い知らされる。なにしろ加速度的な勢いでさまざまなメッセージがメディアから送りだされているのであるから。価値判定の基準は、人間的価値、価値の区別、世の中および他人を支配する方法の案出へと我々を赴かせる。生命的利害と切りはなすことはできない。要するに我々が研究の対象とする事実とみなされているのは、そもそも我々が置かれている場の価値によってなのである。（フレッド・イングリス『メディアの理論』伊藤誓他訳／法政大学出版局）

我々の中継神経そのものを地球に拡げるメディア

電気技術の一世紀を経過した今日、この地球に関する限り、空間と時間の双方を排除して我々は中枢神経そのものを地球一円に拡張した。さまざまなメディアによって我々がこれまですでに感覚や神経を拡張してきたように、今や新しく創造された認識方法が集約的に、組織的に、全人類社会に拡張しようとするに及んで、人間の意識を機械が代用して人間を拡張するということは最後の段階に近づいた。（マーシャル・マクルーハン『人間拡張の原理』後藤和彦、高儀進訳／竹内書店新社）

コンピュータの創造的な力とは何なのか

確かにコンピュータに「創造的なツール」としての、興味深く、たぶん生産的でもある使い途があることは明らかになった。ワードプロセッサを使いこなした人なら誰でも言うように、コンピュータはテクストの操作にはきわめて有効だし、メディアを新しいやり方でミックスすることもできる。画像をつくったり操作したりする作業のスピードアップにも威力を発揮する。プロ並みの文書を作成することも、見事なアニメーションをつくることもできる。しかしコンピュータ化によってパワーが増し、より多くの情報が盛りこまれ、便利になったとしても、コンピュータを導入する以前より「リアル」になった例はひとつもなく、レトリックによって人々にそうでないように信じこませるのはどうかと思う。コンピュータが想像の世界を発見する力をもつメディアであるかのように語ることは、タイプライターに文学の世界を発見する力があると考えるのと同じくらいバカげている。（ベンジャミン・ウーリー『バーチャル・ワールド』福岡洋一訳／インプレス）

我々はプログラムされたバイオコンピュータである

今日、成人に達しているすべての人類は、プログラムされたバイオコンピュータである。我々は皆、プログラム可能な実体としての自らの性質から逃れることができない。我々はひとり一人文字通り自分のプログラムであり、それ以上でも以下でもないのかもしれない。（ジョン・C・リリー『バイオコンピュータとLSD』菅靖彦訳／リブロポート）

ぼやけて断片的な視覚情報のマンダラに包まれて

眼を閉じた。作動スイッチの、刻み目のある表面が指に触れる。眼の裏の血に照らされた闇のなか、銀色の眼閃が空間の端から渦巻くように流れこみ、催眠的映像が、滅茶苦茶にコマをつなぎあわせたフィルムのように走りすぎる。記号、数字、顔、ぼやけて断片的な視覚情報のマンダラ。（ウイリアム・ギブソン『ニューロマンサー』黒丸尚訳／早川書房）

アトムからビットへの変化に後戻りはない

これまで音楽はプラスチックというアトム（物質）に録音してから運ばれていた。人の手でのろのろと情報を扱う他の媒体、本や雑誌、ビデオなども同様である。ところが今では電子的データを光の速度であっという間に、しかも安価に送れるようになった。この形式だと情報（ビット）はどこからでも自由にアクセスできる。アトムからビットへという変化に後戻りはない。もう止めることはできない。しかし、なぜいまこれほどに広がっているのか。それはこの変化が指数関数的な性格をもっているからだ。つまり昨日のちょっとした違いが、明日には突如として衝動的な結果を生みだすことになるのだ。（ニコラス・ネグロポンテ『ビーイング・デジタル』西和彦監訳／アスキー）

情報とは差異を生みだす差異である

私は、説明の本質が「情報」ないし「比較」にあるようなところには必ず精神過程があるとみる。情報とは「差異（ちがい）を生む差異（ちがい）」として定義できるだろう。（グレゴリイ・ベイトソン『天使のおそれ』星川淳、吉福伸逸訳／青土社）

作成：伊藤俊治＋野々村文宏＋有馬純寿

情報メディア・スタディシリーズ

情報メディア学入門

伊藤俊治 編

Ohmsha

はじめに

ヴァーチャル・リアリティ、インタラクティヴ・シネマ、モバイル・コンピューティング、ユビキタス・ネットワークなど、二一世紀に入り次世代のメディア像が次々とあらわれてきている。しかしそれらがどのような特性をもち、どのように関係しあい、旧メディアとどう違い、どのような意味や価値を秘めているのかについて私たちはメディアの渦に飲まれて漠然とした考えしかもっていない。

初めてメディア学を打ちたて、一九六〇年代から七〇年代にかけてのメディアシーンを席巻したマーシャル・マクルーハンはグローバル・ヴィレッジという言葉で現在のネットワーク世界を予言し、メディアが人間の拡張であるという知見でメディア社会の基本的なフレームを見とおしていた。

彼は『グーデンベルグの銀河系』のなかで、オーラル・カルチュア（声の文化）、マニュスクリプト・カルチュア（書字文化）、タイポグラフィック・カルチュア（活字文化）、エレクトリック・カルチュア（電子文化）という形で人類の文化が動いてきたと指摘したが、この本で、いまなお有効性をもつ重要な視点はそうした文化史的な変遷よりも「メディアと感覚の変容」の問題だろう。マクルーハンは技術とは人間の感覚が外在化（アウターリング）されたものだという。そして彼は感覚比率（センスラシオ）という言葉を使い、人間の感覚比率は時代や文化により変容し、その感覚の変容により人間の存在形態も変わってゆくことを示唆した。重要なのはこの感覚比率の変化は、ある感覚が技術という形で外在化されるときに起こってゆくことだ。つまり人間の内部の感覚がテクノロジーとして現実化されたときに人間の感覚は大きく変わってゆく。だからラジオでもテレビでも写真でも映画でも新しいメディア・テクノロジーは人間の感覚が外部化された結果であり、そのことによって人の感覚のバランスが崩れ、感覚のフレーム自体も大きく変化してゆくのである。この重要性を私たちは、いま一度認識し直さなければならない。そしてこうした感覚比率の変化を、ある歴史的なパースペクティヴをもち、たどってゆくことができるなら私たちの世界の新しい展望が得られるだろう。

本書はこのような視点から、メディアの状況をより明確に理解するために情報メディアの発生からその展開変容までの軌跡をたどり、さらには電子メディアのあり方とその進展の道筋を追うことでメディアの未来像を浮かびあがらせようとするものである。とくに情報メディアをコミュニケーション・プロセスとしてとらえ、人と世界の関係、人間の認識や感覚、伝達や記憶の仕組みまで含んだ包括的な新しい情報メディアの全体図を提示することで単なるメディア技術史やメディア表現史に終わらない新しい地平を開くことをめざしている。

二〇〇六年七月　伊藤俊治

第1章

情報メディアとは何か

伊藤俊治

1

情報メディアの特性

メディアの特性と傾向　情報メディアを考えるとき、欠かせないのはそれぞれのメディアがもつ特性という視点である。かつてエリック・ハーヴェロックはあらゆる人間の文明は、情報を再利用できるように記録し、保存する機能に深く依存していると指摘したが、我々は次々と新しくあらわれるメディアによるその記録・保存・伝達の概念の変貌が人の創造や学習、認知や理解といったプロセスに及ぼす重大な影響力について、あらたな角度から考察せざるを得ない時代に生きているといっていいだろう。

これまで人間はさまざまな情報伝達手段を獲得してきたが、その発生と展開が時代や社会に与える直接的、あるいは間接的な影響について精密に語られることはほとんどなかったといっていい。しかしいま、我々は情報メディアが人間の記憶や無意識の新しい構造をつくってきたことを確認し、過去の情報メディアについて想像を張りめぐらしながら、未来の情報メディアの方向を決めてゆかねばならない。

ハロルド・イニスはその『メディアの文明史』において、すべてのメディアには時間と空間に対する何らかの特定のバイアス（それぞれの文化の本質を特徴づけているある特別な傾向）が内在していると指摘している。★1　つまりイニスは、メディアとは人間の知を時間的、空間的に伝達するうえでもっとも重要な力をもつものであり、そうした力をある文化的な背景のなかで理解するには、メディアの特性や傾向を精密に吟味し、研究する必要があると主張したのだ。

たとえばある文明に関する我々の知識は、実はその文明において用いられたメディアの性質に依存していて、そのメディアの特性を抜きにはその文明を想像したり、考察したりできない。もしある文明において用いられたメディアに耐久性がなく、時間や物理的な力に対し無力なものであったなら、その文明の実体にアクセスする方法を現在の我々はもてなくなってしまうだろう。だから繊細なパピルスや布に書きつけられたものよりも硬い粘土板や石に書きつけられたもののほうが効果的に保存されてきたのだ。いずれにしろ我々の文明理解はこうしたメディアの特性や傾向に強くコントロールされていることをまず再認識しなければならない。

さらにいえばメディアの長期にわたる使用は、やがて伝達されるべき知の内容や性格まで、ある程度まで決定してしまうようになる。このことは、メディアを持続的に使用している者は忘れやすいが、実はメディアを考えるときの重要問題のひとつである。電子メールによるコミュニケーション・スタイルの変化を考え

★1　ハロルド・イニス著『メディアの文明史―コミュニケーションの傾向性とその循環』（久保秀幹訳／新曜社／1987年）

るだけでもそのことはわかるだろう。

このようなメディアの特性や傾向について早くから研究を重ねていたのがヴォルター・オングである。マーシャル・マクルーハンの先達といわれるオングはまず書くことの知識をまったくもたなかった声の文化から文字文化への移行を人類史における最重要事件のひとつとしてとらえている。約六〇〇〇年前に最初の書かれたものが出現して以来、人間の意識や社会の構造は大きな影響をこうむってきた。つまり書くことからやがて文字や印刷が生まれ、さらにそこから現在の電子コミュニケーションが派生してくる。オングにすれば現在の電子文化とはその存立を書くことと印刷に負う文化であるとともに、二次的な声の文化、そして新しい電子的な視覚中心の考え方を生みだしているものなのである。★2

声の文化と文字の文化　声の文化→文字文化→印刷文化→電子文化というこの移行を、オングは我々の現在の身体感覚を織りなす地層のようにとらえていることに注目したい。そしてこうした声の文化と文字文化の違いについての十分な理解が得られたのは、まさに現在の成熟したエレクトロニクス時代になってからであり、それ以前にはこうした差異は明確に認識できなかったのだ。

電子メディアと印刷を対比させることにより、それ以前にあった書くことの文化と声の文化の差異に我々は気づき、人間の意識の構造を決定し、それを高度な

★2　ヴォルター・オング著『声の文化と文字の文化』（桜井直文他訳／藤原書店／１９９１年）

技術文化へと向かわせていった文字文化とはいったい何であったのかがようやく明らかになってきた。

それでは声の文化と文字文化ではどこがどう違うのだろうか。たとえばことばは必ず人の口から発声され、音として響くものであり、それゆえあるパルスをともなっている。文字文化に深く浸されている人間は、ことばとは意味や内容である前にまず声であり、出来事であり、パルスや力によって生みだされているという事実を忘れてしまっている。

さらにいえば視覚に基づかれた文字文化は、「分離」するのに対し、声の文化は「合体」させる。見る者は見る対象の外側に、ある距離をもって位置づけられるのに対し、音は聞く者を取りまき、音の内部へ引きこんでしまう。つまり文字文化は切りはなすのに対し、声の文化は統合し、中心化し、内部をつくりだすのだ。

オングはこうした声の文化と文字文化の優劣を論じているわけではない。注目しなければならないのは、メディアがもっているある特性や傾向という視点であり、それが我々の意識や認知の構造を大きく変えてしまうということなのである。見つめなくてはならないのは声の文化→文字文化→印刷文化→電子文化という線的なメディアの進展ではなく、それらの変化の間で深い分裂を余儀なくされている我々自身の感覚の地層だといえるだろう。

2 コミュニケーションと情報メディア

メディアの多様化と多元化　オングはまたメディアが文字やイメージの記録、そして印刷、さらに電子技術へと進化するにつれ、内在化されていた知はますます人間の心の外に出て保存されるようになり、今やその外在化された知は自律した脳のようになっているのではないかと指摘した。ここで我々はもう一度、情報の記録・保存・伝達のシステム技術の発達がもたらす文化の土台への強い影響を、さらには人間の精神の深層に与える大きな変容を正確に検証しなくてはならないだろう。

写真や映画、電話やレコードなどの技術が発明されてゆく一九世紀からラジオ、テレビ、ヴィデオなどが次々と登場してくる二〇世紀、さらにはグローバルなネットワークが張りめぐらされ、メディアが身体化し、環境化してゆく二一世紀にかけては、人類史においてもメディアによる特別な構造変換が凝縮して起こった時代ととらえられる。それはいわば、メディアが多様化し、多元化し、生きもののようになっていった時代だったのではないだろうか。

次々と生みだされ広まってゆくメディアは、社会の形態を変えるだけでなく、人と人、人と機械、人と組織の相互関係など個人生活のあらゆる側面を組みかえ、我々がほとんど想像しえないような形で、メディア自体が絶え間のない変容を繰りかえし、波動のような運動を生みだすようになっていった。

だから写真や映画、ラジオやテレビ、電話やレコードなどの歴史と未来を語ることは、時間や空間の関係の変化を考察することであると同時に、生命化してゆくもうひとつの新しい世界や次元のゆくえをたどることでもあるのだ。そのメディアの大きな変化をたとえば次のようにも考えることができるのではないだろうか。

生命化するメディア　一九世紀には単純な神経組織だけの昆虫のようなメディア・システムしかもたなかった地球が、二〇世紀にはしだいに哺乳類のような神経網や血管、脳を獲得してゆく。生物学的に見れば無脊椎動物の最初の神経は細胞を制御する単純な伝令器のようなものだった。その後、昆虫などの動物において伝達ラインは精巧なネットワークをもち、秩序あるコントロール・センターを形づくってゆく。さらに脊椎動物では、いわゆる〝身体の構造〟が入りこんで関係が複雑化したため、環境に対処する別の体系が必要となり、支配体系が外部と内部に対するものに分かれ、意識も分化してゆく。このような進化が二〇世紀にはメディアの世界にも実は起こっていったのだ。

さらにいえば二一世紀には地球はメディアにより高度な神経網や脳のシステム

集積回路の拡大図

をもつばかりではなく、免疫系のようなシステムを内包してしまったと喩えられるかもしれない。それは高度な生命体における神経網が、他の細胞と直接的に固く結びついているのと同じである。つまり高度な生命体の神経系は、あらゆる構成要素の緊密な相互依存性により完成されている。こうした相互的なシステムはどんな小さな刺激に対してもすぐに作動する。瞬間的な感覚はただちに瞬間的な感情へと変わってゆき、その生命体が完全なものであればあるほど、わずかな響きや震えが生命体内部で深く、全体的に伝わってゆくのである。現在の我々の地球全体においてもこのようなことがいえるのではないだろうか。

エリー・フォールはこうした生命体としてのメディア状況をすでに一九三〇年代に次のように予告していた。

「音、言葉、映像、すべての表現形式の現実的な存在が、地球のすべての地点でいちどに表明される。こうして地球のあらゆる地点では、もっとも遠く離れた人間の現実の存在が、欲望と必要がそれを求める瞬間に、確認されるのである。神経回路が閉じて神経流体がいたるところにまでも循環する。人間そのものが巨大な神経単位になったのであり、意志のままに伸ばしたり縮めたりできるその触角は、空間のあらゆる地点、そしておそらくは時間のあらゆる点に、神経単位の秘密の中心部をやがて結びつけるのだ。映画のような機械は、空間を、そうした時間それ自身の属性にしてしまう。かつては時間の深淵や距離の深淵に隔てられていた多くの人々に、ラジオという機械がもたらす感覚の同時性は、発信から受信までに数ヵ月も数年もかかっていたつい先頃までの時代の諸関係に条件づけられたものとは全く異なる結果をもたらしている。こうした混乱と新しい習慣は、我々の心理的生活全体にさまざまの修正をもたらさずにはおかない。そしてその修正はかつて我々に思惟することを教えた基本的な諸概念にも及んでゆくだろう。いやもうすでに及んでいるのである」★3

このような世界の新しい生理学をメディアがもたらしていった時代こそが我々の時代だったといえるだろう。

★3　エリー・フォール著『約束の地を見つめて』（古田幸男訳／法政大学出版局／1973年）

3

メディア技術と社会革命

科学革命とメディアの変容　考えてみれば十九世紀末から二〇世紀はじめにかけてさまざまな事件や現象が集中して起こっていた。一九〇〇年前後に登場した技術や発明は以前とは異質な新しい力を人間にもたらしていったのだ。たとえば一八九五年にイタリアのグリエルモ・マルコーニが無線通信技術を発明し、その三年後にはドーヴァー海峡を隔ててイギリスとフランスの無線通信が成功している。また一九〇一年にはイギリスとカナダの大西洋横断無線通信が可能となり、電磁波を使った通信や放送の第一歩を踏みだしている。その後の一九〇七年、イタリアで未来派のアーティストたちが〝無線的想像力〟や〝同時生活者〟といったアイデアを次々と具現化していったこともこうした動向と無縁ではないだろう。目に見えない電波の存在は一八八四年にすでに確認されていたが、マルコーニはこの電波を通信に利用する装置を考案し、遠距離通信のために発信装置を気球や凧にのせるなどの工夫を重ねたすえに、一八九五年の成功にこぎつけたのだ。同年にはH・G・ウェルズが『タイムマシン』という象徴的なサイエンス・フィクションを書きあげているし、ドイツではX線の発見という、目に見えないものを見る装置の基盤が形づくられてもいる。

さらに一九〇〇年にはメンデルの遺伝法則が再発見され、染色体のなかの遺伝子の存在が理論的に予言され、フロイトが『夢判断』を著し、〝無意識〟へのメスが入りはじめたのもこの年であった。同年、マックス・プランクが量子論を発表、材料技術の革命的な変化をもたらした量子力学の第一歩が踏みだされたことも忘れてはならない。

一九〇五年には、光は波動であるだけでなく粒子でもあることを示した光電効果に関する論文をアインシュタインが発表するとともに、ニールス・ボーアやフェリックス・ブロッホにより半導体開発の原点といえる、固体物理学の初期研究である原子軌道モデルが提示されてもいる。

マルコーニが設立したマルコーニ無線電信社は以後次々と業務を拡大し、第一次世界大戦時には世界の無線通信をほぼ独占、その他に超短波通信装置なども開発し、一九二〇年代には世界的ネットワークを完成させている。

一九〇六年のコルンによる写真電送機の発明、一九〇七年の音声無線伝送の成功とUP通信社の創立、一九〇六年のレジナルド・フェッセンテンによる最初のラジオ放送の成功、一九一五年のサンフランシスコとニューヨークの電話開通、一九一六年の真空管の発明、一九二〇年のアメリカでの商業用ラジオ放送の開始、一九二五年のテレビの発明……こうした電波を使った通信手段の目覚しい発達は、地球上の空間や時間の概念を大きく変え、不特定多数の大衆に音声や映像を送ることを可能にした。それらはすべて二〇世紀のダイナミックな歴史観や、加速度的な社会変化の隠れた基盤を形成しているといっても過言ではない。いずれにしろ二〇世紀初頭からすでに情報通信技術の大きな進展があったことを忘れてはならないし、この動向はトランジスタ、IC、LSI、超LSIの発明と続く二〇世紀後半のコンピュータ技術の進化を促し、次々とあらわれる通信技術と緊密に結びついて二〇世紀末の情報革命を導くことになる。

生きた情報システムへ　フィリップ・K・ディックの遺作となったSF小説『ヴァリス』で印象深いのは、新しい情報社会のメディア・ネットワークの集中する場である通信衛星が「生きた情報システム」として登場し、人間の精神生活にダイレクトな影響を与え、人間の行動をコントロールするものとして描かれていたことだった。[★4] 〝ヴァリス（VALIS）〟とは「ヴァスト・アクティヴ・リヴィング・インテリジェント・システム（巨大で、活動的で、生きた、知能をもつ情報システム）」の略である。ディックの物語のなかで「ヴァリス」は、人間が打ちあげたものではない太古の通信衛星であり、現代社会に介入してゆく知的な生命体とみなされている。つまりディックはこの新しい複合的な生命形成体を「神」のようなものであり、人間が内面に秘める「聖なるもの」とも同一視しようとしていたのである。

★4　フィリップ・K・ディック著『ヴァリス』（大瀧修裕訳／サンリオSF文庫／1982年）

『ヴァリス』が発表されたのが一九八〇年代初頭であり、メディア・ネットワークによる緊密で有機的な情報社会が全世界的にはじまった時期であったことを考えあわせるなら、情報環境の新しい性質と機能を中心に扱ったこのSFをこれからの時代を考えるうえでの重要な指針として読むこともできるだろう。

『ヴァリス』の中でディックは、オーストラリアの原住民アボリジニの入りこむ「ドリーム・タイム」についても触れている。「ドリーム・タイム」とは、現実とは別の現在進行形の時間であり、アボリジニの人々はこの夢の時間にアクセスした場合、それが唯一の現実の時間となる。アボリジニの人々はあたかもテレビのチャンネルを切りかえるように夢の時間へ入ってゆける。「ドリーム・タイム」はまるでメディア自体のもつ新しい次元のようだ。マクルーハンが指摘するように、電子文化は我々の通常の個人的、集団的行動に新たな神話的次元を生じさせている。二〇世紀のメディア・テクノロジーは我々に神話的なメカニズムをもつ次元に生きることを求めているといってもいいだろう。しかしそれでもまだ我々自身は断片的で、単一で、分離した平面でしかその現実をとらえていない。いずれにしろ確かなことは二〇世紀の急速なメディア変容のなかで、技術と速度の坩堝のなかで、見えないメディアの次元が多重に生成し、その潜在的なメディアの構造が、我々の現実を動かしはじめているということなのである。

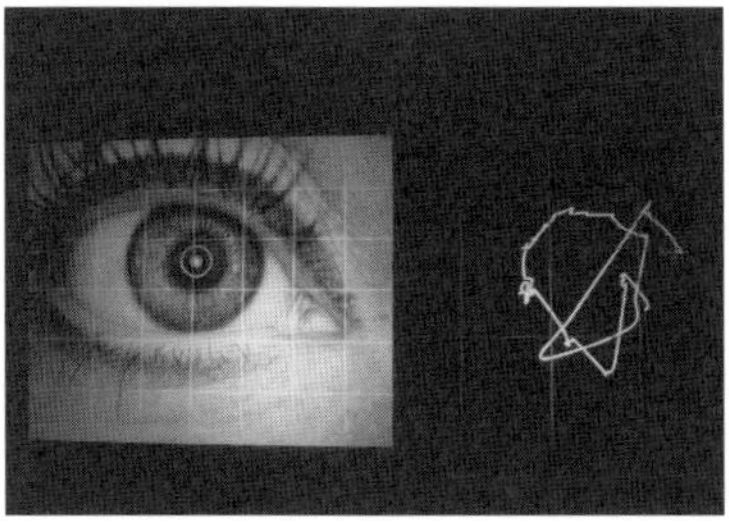

眼球の動きがインターフェイスとなるアイ・トラッキング・システム

4 テレスフィアへの視点

情報の世界地図　これまでの世界をとらえる認識の枠組であったジオグラフィ（地理学）は、ある意味で政治的、あるいは経済的な権力の仕組みと深くむすびついていた。たとえば地図上に一本の線を引くことができれば、その国家は線の内側の天然資源や人的資源を自由に支配することができたのだ。それは一九世紀から二〇世紀にかけての植民地主義や帝国主義の思想と緊密に結びついた認識の枠組だったといってもいいだろう。しかし今日のメディア・テクノロジーは国境という概念や領土支配の体制を大きく変容させている。ベルリンの壁崩壊やＥＵの統合など二〇世紀から二一世紀にかけて連鎖的に起こっている解体や統合は、ある意味でメディア・テクノロジーが促している状況だといっても過言ではない。そして今では情報資源が最重視されるようになり、その情報はもはや土地や人間に縛りつけられてはいず、世界中に遍在し配置されている。今や地理に代わる新しい地図のようなものが必要とされているのだ。

グレゴリィ・スティプルはそのひとつをまずバイオスフィア（生命圏）の地図だという。★5　たとえば一九六〇年代末、宇宙船アポロから地球に電送された、遠

★5　グレゴリー・スティプル著『テレジオグラフィーから見た世界』（田代泰子訳／「国際交流」誌一九九五年十一月号）

隔情報通信システムによる地球の映像は、地球をひとつの生きた惑星として人々の心に焼きつけた。その地球は世界地図のように国境も引かれていなければ地域ごとの色分けもなされていない。その地球の映像は政治や経済や人種や宗教による境界のないヴィジョンを示していた。そのバイオスフィアのなかでは各々の土地は相互に強く依存しあっていて、北や西で起こることが南や東へすぐさま伝播してゆく。そうしたヴィジョンにより地球全体が有機的な関連性をもつ生命体のような環境であり、その生命体内に我々人間も組みこまれているという意識が広がっていった。

スティプルの指摘するもうひとつの新しい地図はテレスフィア（情報通信圏）の地図である。彼はテレジオグラフィ（情報通信地理学）という言葉を使い、電話通話量やその他の電気通信の流れのグローバルなパターンをあらわす新しい地理学の必要性を説く。それはある場所における電気通信の総体や地域の電気通信力バランスを示す基礎的な資料体となる。

思えば一九六〇年代半ばに電話は全世界で一億五千万回線といわれ、そのほとんどが北アメリカとヨーロッパに集中し、ファクシミリやコンピュータ・ネットワークなども単なる概念上の遊びにすぎなかった。アメリカと日本を結ぶはじめての電話ケーブルが営業を開始したのは一九六四年であり、一度に一七〇回線しか送ることができなかった。それが二〇世紀末に百万回線以上になり、一九〇ヵ国、六億以上の電話回線と一二〇億以上の端末を結び、北アメリカの人々は一生のうち一年間を電話だけかけてすごす計算になるという。インターネットなどの普及でこうした通信網はさらに拡大し多元化し、複雑化している。そのような電気通信の時代的変容や地域的変化を明確に示すのがテレジオグラフィであり、今やこうした新しい地図こそが従来の世界地図を超えてダイナミックに変動する世界の動きや波動を映しだしていることになる。

多数の脳をつなぐネットワーク　言語を初めて獲得した人類のことを考えてみよう。外界や環境からさまざまな感覚器官を通して入りこみ焼きつけられた直接概念や、それらを間接的に統合して生まれる多様な概念を区分けし、分類し、体系化することによりやがて言語の原型が生成してくる。その言語は、生きている脳を経由する音声によって言語活動を行い、複数の脳を見えない共通概念で連結できる革新的な情報システムだった。さらにその音声言語を視覚化し、記号化した文字をもつ人間があらわれてくる。それは見えないものを見える形で定着し、記録し、保存しようとする人間の本質的な欲望の具現化であり、音声言語では伝達できない遠隔地やまだ見ぬ未来にも情報を伝えようとする人間の志向から派生してきた一種の二重頭脳とでもいえるものであった。

さらに人間は時間的にも、空間的にもきわめて広範囲の多数の脳を連動させる努力を続け、とうとうコンピュータという外部脳と連結する情報システムを二〇世紀に完成させることになる。そしていまや、刻々と変わるテレジオグラフィが象徴的にその姿を暗示するような複合情報生命体が生みだされ、個体としての人間の境界を超え、あらゆるものと結びついてゆく神経系のような情報メディア圏ができあがっている。それはもはや生物としての人間の発展というより、コンピュータ・ネットワークやブロードキャスト・サテライトなどのメディア独自の増殖運動を個々の生命体としての人間がアシストする形でコミュニケーションが進行してゆく新しい事態の出現だったのである。

ネットワークを使ったゲーム・システム

5 情報メディアの再定義

メディアと身体　このような新しい状況は我々がこれまで当然のように考えていたメディアの意味や機能を再考することを求めてくるだろう。そこではメディアは我々に何らかのメッセージを伝える媒体というよりも我々のまわりを包みこみ、我々自身を変えてゆく大きな流れや環境のようなものとなっている。メディアは通常「情報伝達媒体」と訳されることが多いが、その言葉はもともとラテン語であり、互いに異質なものの媒介を意味していた。また我々が「経験する」というとき、それは我々が我々以外のものと関係したり、接触することを意味している。そしてメディアはこうした経験の体系と条件に深く関わっているといえるだろう。メディアは人間の経験を構造化するための装置であり、経験はメディアによって可能となり、メディアとともに変化してゆくのだ。そして経験は、常に我々のこの生きた身体とともに生起してゆく。見たり、聴いたり、触れたり、味わったり、発見したり、知ったり……こうしたさまざまな身体の関与なしには経験の構造化はありえない。

我々はまたメディアによってつくり変えられる。すべてのメディアは個人的、倫理的、社会的な出来事や現象へ深く浸透し、我々のまわりの状況に影響を及ぼし、変えてしまうばかりではなく、そのことによって我々の内部に特有の感覚の場をつくりだす。つまり我々の感覚のどれかひとつが多様なメディアの発生や展開によって変えられてしまえば、そのことが我々の考え方や感じ方、行為の方法や世界の見方を変えてゆくのだ。感覚の場が変わるとき、人間そのものの位相も変わってしまう。そこでは環境は静止した単なる受け身の外包ではなく、むしろ目に見えない、ダイナミックに動いてゆく能動的なプロセスとなっているといえるだろう。

生命体は環境から働きかけられ、同時に環境に働きかけ、環境との相互作用のなかで自己を維持してゆく。人間は身体の延長である道具を使って積極的に環境をつくり変えてゆこうとする生命体のもっとも進化した存在だった。人間は手や足など身体の働きを道具として表現し、環境に働きかけ、環境をつくり変えてきたのだ。つまり人間と環境は直接連続しているのではなく道具を介してつながっていたのである。

新しい環境としてのメディア　このようにかつて道具は人間と環境のメディア（媒介）であり、メディアとしての道具をとおして人間と環境はひとつのものとなり、心と物が結びつけられていた。しかしいまや環境そのものが道具化し、メディア

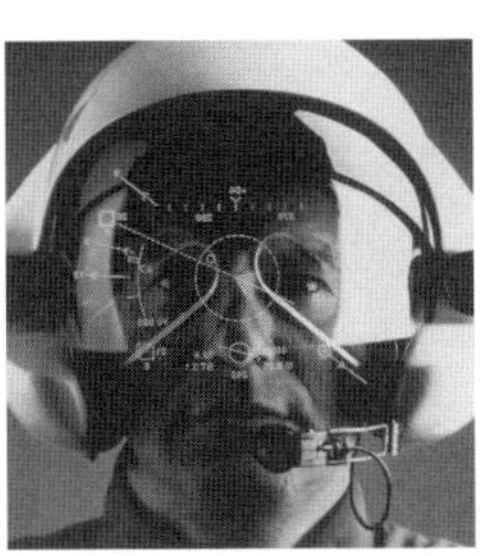

イスラエル空軍のスーパーコックピット

化されているということができるだろう。メディアが自己目的化し、それ自身として発展してゆく。そのためにメディアが人間や自然を手段化してゆくことさえある。現代を生きる人々はそうした特別なメディアをとおして環境とつながっている。いや現代の人々はそうしたメディアが環境となってしまった時代を日常として生きているといっていいだろうか。

考えてみれば二〇世紀から二一世紀にかけてのメディア展開の大きな特徴は、メディアが巨大化し、複合化し、ついには人間の脳の延長にまで及んで神格化してしまったということだろう。

「生命は誕生以来、複合化の作用を続けてきた。時間とともに各プロセスの複合化はさらに進み、この複合化が進化と歴史的発展の両方に作用している。そして大切なことはこの複合化の進展によって生命はより少ない物質でより多くのことができるようになるということである」★6

フランク・ロイド・ライトの下で学び、都市と生命とメディアの関係を探究し、アメリカの砂漠に生態系のメカニズムをなぞるかのようなアーコサンティ（生命都市）をつくり続けているイタリアの建築家パオロ・ソレリはかつて生命の特性をそう語ったことがあるが、彼はそのような複合性と縮小性の典型として人間の脳やLSIを考えていた。

人間と環境の間の中間物であることをやめ、時間と空間を制御し、それ自身の

★6　パオロ・ソレリ著『生態建築論』（工藤国雄訳／彰国社／1977年）

原理で自己増殖しはじめ、人間も環境も変質させてゆく巨大なメディアは、自律的な体系をつくりあげ、生命体のプロセスのような独自のメディア・ワールドを生成させてしまった。人々はいまやその世界のなかで生き、その世界を環境として生きている。それは人間自身を包みこむ新しい自然ということができるのかもしれない。

第2章

情報メディアの誕生

港千尋

1　生命と記憶

生命と連続性　ヴィデオ・テープやDVDなどわたしたちが日常的に利用しているメディアから少し離れて、「情報メディア」を文明や進化といった広い枠組みのなかで眺めてみる。メディアを使う私たち自身が、いったいどのようにしてここまで辿りついたのか、その歴史をさかのぼってゆけば、人間が人間となる以前の、生命の歴史の段階で、すでに「情報メディア」の基本形が現れていることに気づかされる。リチャード・ドーキンスによって提唱された「利己的遺伝子」の概念に代表されるように、生命そのものが遺伝子情報を伝える容器としての「メディア」であると捉えることもできるし、世代から世代へと伝えられる記号だけを「情報」とするならば、「生殖」という現象そのものも一種のメディアとして考えることができるだろう。

「情報」も「メディア」も非常に広い意味の幅をもっているが、一方私たちは、「記憶」という言葉を同じように広い意味で使用している。たとえばカール・セーガンの著書の日本版は『はるかな記憶』であったが、そこでは「ビッグ・バン」によってこの宇宙が誕生してから地球上に生命が誕生したところまでを、物質的な連続性に注目して「記憶」と呼んでいる。一方一個人としてのカール・セーガンが個人的な記憶を残すならば、それは「回想録」と呼ばれる。同じ言葉でくくるにはあまりに違いが大きいわけであるが、そこに共通点がまったくないわけではない。

そのひとつはいうまでもなく、一定の連続性を認めているという点である。宇宙の進化から生命の進化へと尺度は変わりこそすれ、どちらの場合にも物質のレベルで連続性があると認めているから「進化」として捉えることが可能になる。個人の場合にも事情は同じであり、ひとりの人生が一定の連続性のもとに捉えなおされるからこそ、まとまりのある「回想録」となる。科学的であれ文学的であれ、そもそも連続性が認められなければ、ひとつながりの叙述は不可能であろう。

出来事の役割　もうひとつの共通点は、時間の経過にともなって物事が連続してゆく過程において、予測されない出来事が介入してくるという点である。地球上の生命にとっては急激な気象条件の変化や大隕石の衝突といった出来事がそれにあたるだろう。種にとってはそれが突然変異を引きおこすトリガーになる。集団に対して引きおこされる変異が「進化」であるならば、ひとりの人間が経験するのは、より小さな変化の連続であり、その結果として連続するのが「人生」と呼ばれる。どちらの場合にも、出来事はあらかじめ予測されない形でやってくるのであり、生命は集団の場合にも個体の場合にも、一定の範囲内で対応できる「可塑性」を備えている。

尺度をさらに小さくとり、人間の神経組織にまで降りてきても、事情は同様である。たとえばニューロンの配線は、その大枠においては生まれた時点で決定されているが、成長の段階でさまざまな出来事に出会い、それぞれの刺激を受けながら、ある部分は強化され、ある部分は縮小して、それぞれの個体に特徴的な配線ができあがると考えられている。私たちの個性がひとり一人異なるのは、つまるところ成長の段階で受ける刺激がひとり一人異なるからであるし、その刺激によってさまざまな反応を起こしながら、独自の回線をつくりあげてゆく脳の可塑性によるところが大きいと考えられる。地球上の環境での、ある程度限定された人間の生活環境の範囲で、どのような出来事が起こるのかを大枠で予想することは可能であるが、ひとつの個体にとって、どのような出来事がいつどこで起こるのかをあらかじめ知ることは不可能である。ジャック・モノーが『偶然と必然』で示したように、私たちの存在は「偶然」を抜きにしては考えられない。

記憶と情報　以上のような「可塑性」と「偶然」の役割は、情報メディアを考えるときにも重要である。人間の記憶があるときには驚くべき正確さを示すのに、別の場合にはきわめて頼りないものにならざるを得ないのは、記憶のはたら

七年毎に長野県諏訪大社で行われる御柱祭。それは自然の記憶とテクノロジーを次世代へ伝えてゆくための、さまざまな知恵の集大成である。（撮影：港千尋）

きが、それが行われる文脈に大きく依存するからであるといわれている。人間の記憶はそれだけが独立して存在しているわけではなく、感情や感覚といった私たちの「心」を構成している他のはたらきと密接に関係している。より強い感情を抱いた出来事はより強く記憶されるし、特定の感覚とともに行われる想起は、誰もが日常的に経験する。そしてそれらのはたらき自体が、人生の経過に応じてゆるやかに変化する。

情報メディアは、多くの場合、「複製」と同義のものとして受けとられがちである。その場合、情報メディアの役割は、正確な複製を大量に生産し、それを正確に分配することであると捉えられている。しかし人間が生産し、人間が使うものである以上、情報メディアは以上のような「出来事のメカニズム」と無関係ではあり得ないし、そもそも出来事と無関係であるならば、「情報」とは呼ばれない。情報は常に何かについての情報であり、その「何か」が時間の制約を受ける以上、常に不確実性のもとに置かれている。覚えちがいや忘却が記憶という現象の一部であるように、間違いや消滅もまたメディアのはたらきの一部である。さまざまなメディアを使用するなかで、こうした偶然性や不確実性と深くかかわっているのが、人間の創造性であろう。

2 身ぶりと記号

自然とコミュニケーション　複数であることは、種のもっとも基本的な性質のひとつである。種の保存のために生物はなんらかの手段で個体間のコミュニケーションをとり、地球上の最後の一匹や最後の一羽になることのないよう、複数性を維持する。生物のコミュニケーションは化学的なもの、物理的なものとさまざまで、その距離も粘菌のように短い範囲で行われるものから、クジラ類のようにきわめて大きな距離をもつものまで多様である。

多様なコミュニケーションのなかで、身ぶりもまたそれぞれの生物に特殊な形を発達させてきた。ハチの「ダンス」から動物の求愛行動まで、さまざまな形が知られるが、いずれにしても身ぶりは生物の社会性を考えるうえで、また文化の発生を探求するうえで避けて通ることのできない、基本的な行動である。この点で人間は動物から多くを学んできた。自然界のなかで採集と狩猟に頼る時代を永く過ごしてきた人間は、動物の身ぶりを観察し、彼らがいつどのような行動をとるかを分析することを通じて、自らの生活に役立ててきた。おそらくそれは自然科学的態度の萌芽であると同時に、芸術的表現のはじまりでもあっただろう。動物の行動は天体の運動や植生の移りかわりなどと結びつけられて理解され、特定の動物の行動は特に重要視され、歌やダンスの形で表現された。動物の身ぶりに関する知識の一部は神話のなかに組みこまれたり、また芸能の一部となって、世代を超えて受けつがれてきた。

はじまりの手　オリヴァー・サックスは、言語の創造性に触れて、聾唖学校の生徒たちが、先生の見ていないあいだに「雑談」するため、特殊な手話を編みだした例をあげている。手による身ぶりは、おそらく人類のもっとも古い時代に起源をもつコミュニケーションであると同時に、もっとも基本的なボディ・ランゲージである。この点で示唆的なのは、世界各地の旧石器遺跡に残されている手の痕跡である。

五大陸にわたって観察されるこれらの手の痕跡は、岩石を砕いて用意された顔料を手に塗って押しつけたり、あるいは壁面に置いた手のうえから吹きつけたりして残されている。とくに後者は、手の影が残されるところから「ネガティヴ・ハンド」と呼ばれ、色もオーカー（酸化鉄）や黒が多く、洞窟や岩陰などから発見されている。有名な遺跡は、南フランスのピレネー山中にあるガルガス洞窟で、ここからは200を超えるネガティヴ・ハンドが発見されているが、その大半が一本から数本の指を欠いた手の痕跡であるところから、その意味をめぐって、およそ一世紀にわたり多くの学説が提出されてきた。病気による指の欠損であるとする説や儀礼的な指の切断が行われてきたとする説があるが、いずれも2万年以上に遡る遺跡から人骨が発見されていないため、確証を得ていない。

フランスの先史学者アンドレ・ルロワ=グーランは、ガルガス洞窟を分析するなかで、これらの手型が、指を折りまげてつくられているのではないかとする仮説をとなえた。その理由のひとつは、指を折りまげるのが物理的に難しいような型がひとつも発見されていないことである。つまり指を折りまげてつくられる身ぶりが何らかの意味をもち、一種の記号として洞窟内に残されたという仮説である。その可能性を示すために、ルロワ=グーランは、アフリカのブッシュマンたちが狩猟の際に使う「サイン」の例を引いた。狩猟のとき、獲物の動物に気づかれないためには声を出すことなく、メンバー間でコミュニケーションを取らなくてはならないが、その際に使われる手による身ぶりが、ガルガス洞窟に残されたネガティヴ・ハンドと似ているというのである。もちろんこれには、旧石器時代の遺跡と数万年を隔てる民族学的なデータを単純に比べることが可能かどうかという批判がつきまとうが、身ぶりから記号の発生への移行を示唆する例として興味深い。

身元識別　いずれにしても手は、人類が残したもっとも古くそして普遍的な痕

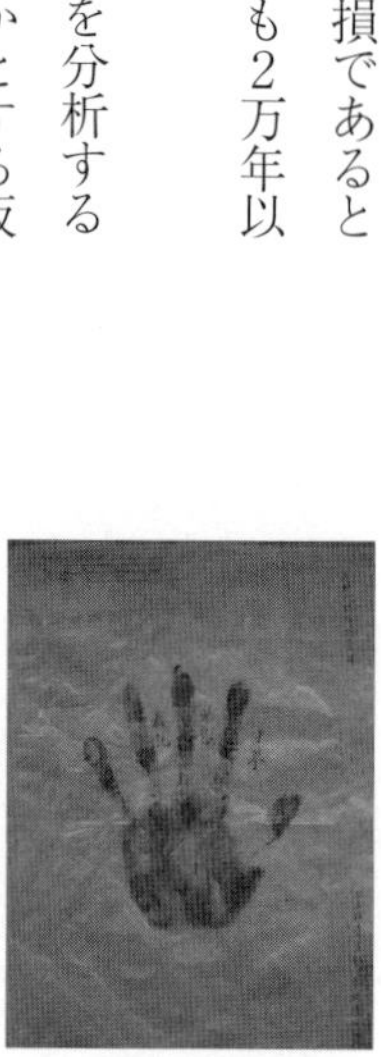

台湾の一九世紀末の証文。(撮影：港千尋)

跡であるといってよい。ネガティヴ・ハンドのように、直接手の型を残すものから、やわらかい表面に指で線を描いたものまでさまざまであるが、道具をつくりだすことによって、自然界のなかで生きのびようとしてきた人間が、自らの手に特別な意味を見いだしていたことはたしかであろう。

それらの痕跡がどのような意味をもっているのかは、現在までのところ解明されていないが、少なくとも長い時間にわたって手や指が、「身元」と結びつけられて理解されてきたことは、注目されてよいだろう。いまだに「拇印」の習慣を残している日本はもちろんであるが、インドを含むアジア圏では永いあいだ、指や手の型が身元を表すものとして、社会的な意味を帯びてきた。「字」によって身元を保証する西欧文化を基準にすれば、いかにも因習的で文盲的あるいは非科学的な文化のように思われるかもしれないが、現代の技術文明はむしろアジア的な身元保証のほうへ傾きつつあるように見える。

犯罪やテロを防ぐためという理由で、急速に一般化しつつある生体認証システムは、手型や指紋はもとより目の虹彩や血管のパターンを識別することによって、身元確認を行っている。現代の情報技術が集約されてはいても、背後にあるのは身体に特有のパターンを一種の記号として扱い、この記号が個人と一対一対応する考え方である。もっとも古く、もっとも普遍的なイメージが、きわめて現代的な情報メディアにおいて生きているのは興味深い。

パースの記号論　記号学に先駆的な業績を残したチャールズ・サンダース・パースにならうと、非常に広義にとらえた場合の記号は、その性質からシンボル、イコン、インデックスの三種類に分けることができる。なんらかの規則にしたがって使用される記号がシンボルである。私たちが日常的に「記号」と呼んで使っている文字や数字やその他もろもろの記号はすべて何らかの規則にしたがって使われるときにはじめて意味をもつ。これに対して、一定の規則を必要としなくても理解されるのがイコンであり、絵画や彫刻などの芸術表現がここに含まれる。もちろんイコンでありながら、その意味の解読には特殊な知識が要求される場合は多々あり、その要求が紋章学や図像学を発達させることになる。

宗教的な図像を例にとれば明らかなように、イコンは必ずしも現実に存在するものと対応してはいない。これに対して、現実に存在するなんらかの物体や現象と直接的に対応している記号が、インデックスである。「火のないところに煙は立たない」という表現では、煙がインデックスとして受けとられている。風の向きによって方向を変える風見鶏もインデックスである。「人差し指」を意味する

「インデックス」であるが、パースの分類にならえば指紋はシンボルでもイコンでもなく、現実の存在を示すインデックスということになる。またこの分類にしたがうと、絵画はイコンであるのに対して、写真はインデックスであることになる。絵画に描かれた対象が、必ずしも現実に存在するとは限らないが、写真の場合は光という物理的な現象によって直接的に残された「痕跡」であるという点で、インデックスの性質をもっているからである。同様にコンピュータ・グラフィックスで生成されたイメージはイコンであるが、デジタル・カメラで撮られた写真はインデックスである。後者は光によって生成するが、その記録が物理的な痕跡を残すことなく電気的に消去されるという点で、イコンとインデックスの境界に存在しているといえる。

痕跡の三項関係　記号が記号として成りたつためには、一定の関係がなければならない。たとえばガラスの表面に残された指の跡が、「指紋」という現象として理解される場合、少なくとも次の三つの要素が認められる。第一は痕跡を残した指である。第二は痕跡が残されたガラスの表面である。物理的な存在としては以上のふたつがあれば十分であるが、それを解釈する誰かがいなければ「痕跡」としての意味は発生しない。部屋の隅に落ちたタバコの灰は、ワトソンにとっては周囲の塵と同じであるが、シャーロック・ホームズにとっては、誰かの存在を示唆するインデックスとなる。

先にあげたネガティヴ・ハンドの場合も、洞窟内の手の痕跡を解釈する人間によって、その意味は大きく異なってくる。言いかえれば記号を記号として成りたたせているのは、解釈者としての第三項の存在である。規則を理解していなければ、ブッシュマンのサインや王家の紋章は、何の役にも立たない。とくにインデックスの場合には、現実に存在するモノや現象がつくるという点で、狭い意味での記号論的解釈を超える広がりをもっている。人間がつくりだした規則としての狭義の記号を超えて、パースの記号論が生物学や物理学に応用されているのは、痕跡という現象が「複製」という現象と密接に関係しているからである。

イメージの誕生　イメージの誕生をどのように理解するのかも、三項関係にかかわっている。私たちが知る最古のイメージは、ヨーロッパではおおよそ三万五千年前に遡る洞窟壁画であるが、比較的最近になってアフリカでは五万年を遡る遺跡の存在が明らかになっている。それはアクセサリーとして使われた貝殻や、岩石に残された線刻であるが、いずれの場合にも、それらの穴や線の規則性は何らかの「意図」を示唆している。現在までのところイメージの誕生は、現生人類の誕生とほぼ同時期であり、言語の使用をともなっていたことも間違いないといわれているが、それらの点や線や手の痕跡が、いったい何を意味していたのかを明

日常的な使用では、シンボル、イコン、インデックスは混在し、状況に応じて機能を変える。（撮影：港千尋）

らかにすることはできていない。誰かが何らかの方法によってつくりだしたことは確かであるが、その意味を一義的に決定できるような第三項はいまだあらわれていないのである。

旧石器時代の洞窟が興味深いのは、ラスコーやアルタミラに描かれた単に動物画が第一級の芸術作品であるというだけでなく、そこに何らかの意味が込められているにもかかわらず、それを理解することが不可能であるという点にもある。アンドレ・ルロワ=グーランは、旧石器時代のイメージを解釈する難しさについて、それがいつ、どんな人々によって、どのような道具を使用して描かれたのかを理解することは可能だが、それがなぜ描かれたのかは、絵筆や手が岩の表面を離れた瞬間から不明になると書いている。痕跡として残されるには、手が表面を離れる必要がある。そもそもそれを残した何かがそこに不在であるから、痕跡と呼ばれるのである。もしイメージが、それを生みだした何かが失われることによって成立するのならば、イメージは常にその起源に謎を残すことになる。

その一方で、私たちは三万年前以上のイメージに感動し、それを美しいとさえ感じることができる。それはそれを残した人々と私たちが、基本的に同じ身体と同じ神経組織をもち、同じような知覚と感情を維持しているからであろう。

4 速度と権力

イメージのアニマ　イメージの起源において驚くべきことのひとつは、それが「動く動物」を描いていることである。かつては、抽象的な図形からしだいに具象へと発展したと考えられていたが、現在では点や線などの抽象的な図形と馬やバイソンなどの具体的な図像のあいだに、時系列的な発展を認めることは難しいと考えられている。とくに九〇年代にフランス南部であいついで発見されたショーヴェやコシケー洞窟の図像は、旧石器絵画が初期の段階から非常に完成されたスタイルをもっていたことを示して、世界を驚かせた。

なかでもショーヴェ洞窟には、突進するサイの角を重ねて描いたり、ピューマや馬の頭部を連続的に描き、動物が動いているような印象を与える表現が見られる。あたかも三万年以上前の人間が「アニメーション」の原理を知っていたかのような印象を与えるのである。いずれにしても大きく力強い動物を描いた人々が、動物たちの「力」を感じていたことは間違いなく、それがイメージの起源においてあらわれていることは重要な点である。それとは対照的に、旧石器絵画では人間を描いた例はごく少なく、発見されているなかではごく簡単な線刻画や半人半獣があるにすぎない。身ぶりにおいてもそうであったように、イメージの起源においても、人間は動物に多くを負っているといわざるを得ない。

このことは当時、人間は動物たちのなかでもっとも「遅い」存在であり、さらにいえば「弱く」「数の少ない」存在であったことを思えば、ある程度納得がいく。馬もバイソンも人間よりもはるかに速く、地平線の彼方にまで移動できる存在であった。そのことが人間たちの心に巻きおこした怖れや羨望が、イメージの起源にあると考えても間違いではあるまい。

伝達のメディア　人間が動物を飼いならし、牧畜と農業を開始し歴史時代に入ってからも、動物の速さは依然として変わらなかった。速く移動できることは、力の象徴である。エジプトのファラオはしばしば両手に鞭と錫をもった姿で表現されている。またローマ時代の貨幣には、神々や皇帝が御者の姿で描かれているものがある。神は容易にその姿を鷲に変えて人間よりも先回りすることができたし、ヘルメスのように翼の生えたサンダルを用いる神もいる。情報は長いあいだ、翼や蹄をもった動物の速度で伝わったのである。

速く移動することのできる動物のなかでも、鳥は特別な存在として多くの文化において崇められてきた。実際、ナポレオンの時代になっても、もっとも速く伝達できるのは伝書バトであった。コミュニケーションの歴史では、動物たちとは別に、人間が太鼓や狼煙や鏡による遠距離交信が知られる。またフランスでは木の棒を組みあわせた「腕木通信」シャップ・システムを用いてパリとリール間およそ200キロを2分間で通信したといわれているが、こうした装置をもってしても、文章を伝えることは不可能であり、依然として人間は動物の速度を超えることはなかった。

交通手段を使わずに、意思や考えを遠くへ伝えることは、普遍的な夢であり、それは多くの文化において、まさしく「夢」や「お告げ」や「虫の知らせ」といった現象において表現されてきた。ヨーロッパでは写真が発明された一九世紀にも「交霊術」は盛んに行われていたし、「メディウム」という言葉が霊媒を意味することからも知られるように、伝達メディアと心霊現象はまったく別世界の出来事ではなかった。この点でH・G・ウェルズほど興味深い作家はいないであろう。

リアルタイムの遠近法

こうしてみると、情報の伝達が交通手段と独立したのは歴史のうえではごく最近の出来事であり、そしてその発展の急激さは技術史のなかでも際立っていることがわかる。芸術と社会の移りかわりをとらえるうえで、それまで等閑視されてきた「速度」に注目し、独自の「速度学」を提唱したポール・ヴィリリオは、「速度とは力である」といいきっている。そして実際、一九世紀後半から現在までの歴史は、人間の活動のあらゆる局面における「高速化」

二〇世紀の「洞窟芸術」ともいうべき、郵便配達夫シュヴァルの理想宮。鍾乳石の集積のあいだに、さまざまな動物が夢とともに語られている。（撮影：港千尋）

と不可分のものであった。映画の発明にはじまり、イメージの歴史は「動き」を中心に展開しながら、同時にイメージの高速伝達を可能にした。交通と軍事において最大速度を目指した人類は、ついに大気圏を脱出することに成功し、月から地球を眺める視点を手に入れるにいたった。大気圏外を手に入れた人類は、これをメディアとして利用することに成功し、人工衛星を介した通信を一般化する。やがて通信回線は地球全体を覆うにいたり、九〇年代になるとインターネットの爆発的拡大によって、もはやどこにいても瞬時に伝わる状況が訪れた。

この時代に一般化した「リアルタイム」という概念は、象徴的である。かつて人間が羨望の眼差しで眺めていた、はるかな草原は消えさり、情報伝達にとって克服すべき「スペース」は、「タイム」にとって代わられたからである。ヴィリリオは、ヨーロッパにおいて空間の幾何学化と統合が遂行されたルネサンス期の遠近法は空間の遠近法であったが、空間が消滅しすべてが同じ時間制のもとに稼動する現代において、「時間の遠近法」を考えることは可能かと問いかける。

逆にいえば、「リアルタイム」を生みだした情報メディアにとって、「距離」とは何かということである。もしかすると克服すべき障害であると捉えられてきた「距離」を再発見し、再評価すべき時がきているのかもしれない。グローバリゼーションとともに発生する、さまざまな紛争や対立のなかで、「距離」は、人間関係から地域政治まで重要な問題をはらんでいる。

5

無線・電波・群衆

神が造りたもうたもの　サミュエル・フィンレー・ブリーズ・モースによる電信の発明は、あらゆる交通手段よりも速く意思の伝達がなされるという意味で、画期的な出来事だった。伝書バトのもつ記録が一時間で五六キロ、汽車の最高速度が一分間に三キロほどだったのに対し、電信機から発信されたメッセージは、電線をとおして一秒間に三〇万キロという速度で伝えられる。サミュエル・モースは糊口をしのぎながら独自の研究を続けたことで知られるが、アメリカ議会が電信機の開発に予算を割くべきかどうか審議をはじめる五年も前に、弟のシドニー・モースは次のような言葉を書きおくっている。

「地球の表面は電信線網で覆われ、すべての電線はいわば神経となるのだ。地球は一千万もの手をもつ巨大な生物に変わり、それぞれの手は魂の命令にしたがってペンを握るのだ。この発明の価値は途方もない。」

発明が完成した後は「時間と空間が消滅した」「時間と距離の悪影響がなくなった」といった数々の賛辞が寄せられたが、一五〇年前の人々は、インターネットによる「グローバル・ヴィレッジ」と同じような感慨をもっていたのである。

一八四四年五月二四日に行われた最初の電信機が稼動した際に選ばれたメッセージは、「神の造りたもうたもの」という言葉だった。旧約聖書の民数記から採られたこの言葉は、一九六三年に静止衛星による最初の衛星通信を行ったときにもケネディ大統領によって使われている。こんなエピソードにも、マクルーハンが『グーテンベルクの銀河系』で描いたように、今日の情報メディアがユダヤ・キリスト教的文化のなかで生まれたという事実を認めることができるだろう。

最初の電信はワシントンの最高裁判所からボルティモアのB&Oマウント・クレア駅に送られたが、この言葉に続いて、モース自身がボルティモアに送った第二のメッセージは、彼の発明が何を引きおこすかを明確に予言していた。モースは「なにかニュースはないか？」と打ったのである。モースの技術に最初に飛びついたのは、新聞だった。

ラジオの熱狂　一九一二年四月一四日は運命の日付であると同時に、無線に新たな時代を開くきっかけとなった。「タイタニック号」が発信したSOSを捕らえたマルコーニ社無電局の技師は、タイタニック号に関する情報を、乗客の親類たちに伝えつづけた。この技師が後にRCA（ラジオ・コーポレーション・オブ・アメリカ）の総支配人となったデヴィッド・サーノフである。グリエルモ・マルコーニによる無線電信の発明からおよそ二〇年後、サーノフは全米を巻きこむラジオ・

ブームの中心人物となるが、そのきっかけがタイタニック号の悲劇だった。

一九二〇年代から三〇年代にかけて、世界はラジオに夢中だった。電信によって速報性に目覚めた新聞は、当初ラジオを脅威とみなして警戒したが、ラジオは新聞とは異なる報道のスタイルを確立せざるを得なくなった。ニュースは、読むための原稿と聞くための原稿に分化していったのである。政治家のなかにはラジオの影響力をいち早く見抜いて、これを利用した者もいた。おそらく説得力という点で、ルーズヴェルトとヒトラーはラジオを最大限に利用した指導者だろう。ルーズヴェルト大統領の「炉辺談話」は、政治家自身による「番組」としては先にも後にもないほどの人気を得たが、もしそれがなかったら四選されることはなかったかもしれないといわれるほどだった。

電信や電話が一対のメディアであったのに対し、ラジオはひとりの人間が何百万もの大衆に語りかけることができた。ラジオの熱狂は、群衆メディアの誕生を意味していたといえるだろう。その本質を示すもっとも有名な出来事は、ひとりの天才芸術家によってなされたパフォーマンスである。それは一九三八年十月のハロウィンの前夜に流れたラジオ・ドラマだった。

メディアと知性　H・G・ウェルズの『宇宙戦争』から採られたシナリオは、ニュージャージー州のプリンストンに、地球を破壊する殺人光線を携えた火星人が

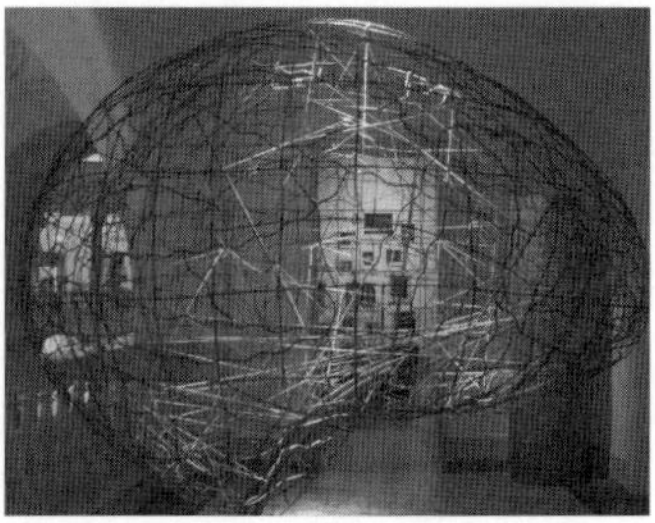

ベルリン、コミュニケーション博物館。モースの言葉をあとづけるかのように、脳の主要な配線の模型はネット社会の象徴として取りあげられている。（撮影：港千尋）

着陸したというものだったが、その内容が臨時ニュースと目撃談という形で放送されたために、多くの視聴者が本物のニュースと受けとってしまったのである。道路は火星人襲来を逃れようとする人々でパニック状態に陥り、ショックを受けた人々が病院に収容される騒ぎとなった。メディア史上あまりに有名な、オーソン・ウェルズによる放送劇であるが、この出来事は大戦勃発前夜におけるラジオの力を示していると同時に、事実とフィクションの境目があいまいになるメディアの性質をも明らかにした。ウェルズの天才は『市民ケーン』で遺憾なく発揮されることになる。

ヴェトナム戦争におけるテレビ、湾岸戦争におけるライブ報道、イラク戦争におけるアラビア語の衛星放送局アルジャジーラ等々、戦争における報道メディアの影響力はしだいに大きくなってきたことは事実である。しかしそれらのメディアによって、出来事をよりよく知り、状況をよりよく理解できるようになったかどうかは、大きな疑問といわざるを得ない。

今日、マス・メディアは情報通信技術全般のデジタル化によって大きく変わりつつあるが、イラク戦争における世論操作ひとつをとっても、必ずしもそれが民主主義に寄与するとは限らないことは明らかである。一方で地球大のネットワークが完成し、他方でひとり一人がターミナルとなるモバイル化が進行する今日、私たちは、「火星人襲来」を疑えるだけの知性を備えているであろうか。

第3章

文字と印刷

港千尋

1

文字の生命

文字は必要だったか　人類は道具と火の使用を開始してから非常に長い時間をかけて、イメージの使用まで辿りついている。この間に流れた時間は百万年単位の期間であり、それに比較すれば、イメージの使用と文字の誕生のあいだに流れた数万年は、ごくわずかであるともいえる。いずれにしても人間の脳は、道具→イメージ→文字という順序で、知性の発達を経験してきたわけである。見方を変えれば、人類史の大部分は、音声・身ぶり・イメージなどによるコミュニケーションで成りたっていたのであり、長いあいだ文字は必要とされてはいなかった。

今日でも文字をもたない社会が存在している事実は、重要である。文字をもたない社会は未発達なのではなく、文字を使わなくても正常な社会関係は営まれ、文字による記録がなくても、共同体の記憶は受けつがれる。文化人類学が明らかにしてきたように、それらの社会は豊かな神話体系をもっており、それぞれの口承伝承によって独自の世界観を確立している。長いあいだ歴史学は、文字の使用をもって歴史の存在と見なしてきたが、無文字社会に歴史がないというのは、むしろ歴史を文字でしか記述できない社会の、一方的な見方かもしれない。

痕跡と文字　古代中国の伝説上の人物蒼頡《そうけつ》は、四つの眼をもち、鳥の足跡から漢字を発明したとされる。中国における文字の起源は明らかではないが、この伝説は動物の残す痕跡が、記号の誕生と何らかの関係にあったことを暗示している。旧石器時代の洞窟や岩陰遺跡には、動物の絵と並んで矢印や円など無数の線刻が見つかっている。オーストラリアではこれらの線刻の多くが、カンガルーなどをはじめとする動物の足跡であることがわかっており、またヨーロッパの洞窟でも熊の足跡をかたどった線刻も発見されている。

アンドレ・ルロワ＝グーランは、ラスコーをはじめとする洞窟の詳細な研究をつうじて、動物画の周囲に描かれている多くの記号を二種類に分けた。線分の形状により「男性記号」と「女性記号」と呼ばれる記号の分類は、何らかのかたちで豊穣儀礼と結びついていたのではないか。ルロワ＝グーランはこれらの記号が、旧石器時代における宗教の存在を指し示すものと考えたが、ひとつ一つの記号の「意味」を解明するにはいたらなかった。

今日の先史学は、ルロワ＝グーランの説に懐疑的である。宗教が存在したかどうかはもとより、それらの線分が記号であるかどうかについても、意見の一致を見ているわけではない。興味深いのは、そこに私たちが知っているような形での、象形文字が見当たらないことのほうだろう。動物の絵と矢印や点など、一見して互いの関係がわからない図の組みあわせが現れ、それから数万年してやっと象形文字が誕生したのである。この間に人間が、どのようにして記号操作を学んだのかがわからない限り、文字の誕生は霧に包まれたままである。

今日知られるもっとも古い漢字である甲骨文字は、亀の甲や鹿の骨を熱したときにできるひび割れによって占いを行う際に刻まれた文字である。骨による占いは、狩猟文化のもっとも古い卜占のひとつであり、今日でもユーラシア大陸から北米まで先住民のあいだに生きつづけており、シャーマニズム文化の一部とみなされている場合もある。「兆」という漢字は、甲骨にできるひびが左右に分岐する様子を描いているといわれる。古代中国における卜占がシャーマニズムの発展したものであるかどうかはわからないが、予兆を読みとろうとする人間が、線の分岐に注目したことは興味深い。

儀礼・身体・政治　ところで一般的に漢字は「象形文字」に分類され、山や馬といった形象からしだいに複雑な概念にいたったとされるが、文字がほんとうに自然発生的に生まれたかどうかはわからない。確かにモノの「形を象った」ときが起源にあることは確かであるが、形だけが起源であるわけはない。文字が使用されるのは、社会が石器時代とは比較にならぬほど複雑化し、ある程度安定した権力構造ができてからである。いうまでもなく、文字の使用をはじめとする知の伝達もこの構造のなかで発達したものである。それらは単なる自然の象徴ではな

小津安二郎の墓。記号は文法にしたがって意味を伝達するだけでなく、物質性をともなった象徴としても機能しうる。（撮影：港千尋）

く、複雑な儀礼にもとづく象徴体系のなかで発展してきたのである。

現代において漢字は、ほとんど唯一、この古代における儀礼の内容をとどめている文字であり、この点では、表音文字／象形文字という単純な分類には収まりきらない内容をもっている。それらの儀礼のほとんどは古代王朝とともに失われたにもかかわらず、古代人の死生観は文字の形と用法をとおして、私たちに伝えられており、それを理解することは不可能ではない。この「かたちと用法」をつうじて古代の文化を理解できるという点で、漢字はアルファベットとはまったく異なる、記憶のシステムであるといえるだろう。

日本では白川静による研究で明らかになったように、漢字という文字は、そのうちに古代人の宗教、儀礼、習慣等々をとどめ、自然観・死生観・社会観が反映されている記号である。またかつてセルゲイ・エイゼンシュテインが独自のモンタージュ論をつくる際に取りあげたように、部首の「組みあわせ」によって意味をつくるという、特殊な構造ももっている。さらに漢字は身体技法としての「書」と不可分の文字であり、ヨーロッパやイスラム世界のアルファベットとは異なる、思想としての芸術を生みだしてきたのである。

2

書物の誕生

書物の物質的起源　書物の起源は植物にあるかもしれない。私たちは、「本」と「木」というふたつの記号を使いなれているし、バイブルの語源となったギリシア語のbiblosやラテン語のliberという、いずれも本を意味する単語が、どちらも「木の皮」という原義をもっていることからも明らかである。さらにペーパーの語源であるパピルスは葦の一種であり、現代においても本に使用されている紙のほとんどは、パルプを原料としている。書物が植物から生まれたとしても、不都合はないであろう。

しかし植物以外の起源もないわけではない。パピルスとは別に、やはり最古の書物と考えられるのはふたつの川のあいだに生まれた文明、メソポタミアの土地で発見されている粘土板だからである。楔形文字が刻まれた粘土板には人類最初の文学作品とみなされている文書、最初の法典として知られている文書など数多くの書物がある。これらの書物は、粘土板がやわらかいうちに、先の尖った棒で刻まれ、その後に窯で焼生された。その形から「楔形文字」と呼ばれることはよく知られているが、忘れられがちな事実は、最古の文字と書物が、火で焼かれることをとおして残されたということである。「焚書」の史実やレイ・ブラッドベリの『華氏451度』にみられる、炎を書物や知の破壊者とみなす考えは、あくまで植物性の書物にかぎられた話であり、メソポタミアにおいて書物は、皿や壺のような「器」とともに窯から取りだされたのであった。

卜占と科学

さてこの知を盛る器としての粘土板のうち、メソポタミアに特有のもののひとつは「説明書」と総称されている。数万点にのぼるとされるこの「説明書」は、天文学の知識から動植物のリスト、そしてあらゆる事象の観察記録からなっているが、とくに森羅万象のうちに現れる「異変」を克明に記録している。この世界に、それを支配している超自然的な存在の意思が発現すると信じていた人々にとって、そのような異変は、神々のメッセージであり、通常とは異なる運命の到来が告げられる機会だったのである。自然界の克明な観察や過去に起きた事件の詳細な記録がなければ、異変を理解することはかなわないだろうし、重要なメッセージを逸することになるだろう。これを「演繹的卜占」と呼ぶ古代学者ジャン・ボテロは次のように書いている。

「それは奇妙で異常な現象または物の内側を読みといて、そのことから当該者、たとえば王、国、あるいは卜占の対象となる事物とかかわりをもった個人などの未来について、神々が下した決定を推論することである。」

目の前に与えられている事柄から出発し、未だ見えてはいないけれども、そこにすでに含まれている別の事柄に到達するための判断力は、おそらく観察の力と同じくらいに必要とされていただろう。日々繰りかえされる日常のなかに現れる子細な逸脱を「予兆」として理解し、それを未来のある時点における「決定」に結びつけるには、何らかの法則を発見しなければならない。「説明書」と呼ばれている膨大な文書に見られるのは、メソポタミアの人々による観察と法則を発見したいという真摯な努力の記録でもある。

異変はどこにでも現れうる。天体と気象。時と暦。動物や人間の誕生やその形態。大地の様子と都市の状況。植物や動物の様態。動物や人間の振るまい。身体の外観と、内臓の様子。ここには私たちの科学が対象としている事象が原型のかたちですべて含まれている。演繹的卜占が科学的思考の萌芽とされる理由である。また重要なのは「夢」であり、夢の理解と解釈は、古代における「精神科学」といえるかもしれない。広く用いられていた肝臓占いも興味深い。

「もし肝臓に二個の孔が開けられていることが観察されるならば、これはアッカド王朝第四代目の王ナラム・シンが城壁に穴を開けることによって捕虜にしたアピシャルの町の人々の予兆である。」

動物の肝臓に空いた孔が都市の城壁の穴に結ばれているのは明らかであるが、それだけではない。肝臓の孔（palsu）、壁の穴（pilsu）、町の名（Apisal）という三つ

石切神社の奉納絵馬。板に文字を書いて納めるという習慣は、もっとも永く続いている書字の形態であろう。（撮影：港千尋）

の言葉の音にも結びつきがある。シュルレアリスムの詩を想起させる想像力は、メソポタミアの人々にとって自明の理であった。彼らにとってモノの名前は、単なる音声ではなく、モノそれ自身が音声化したということにすぎない。したがって近似する音は、モノが近似することの前触れかもしれないのだから、これにも細心の注意を払わねばならなかった。観察は自然や社会だけでなく、人間の言語そのものにも及んでいたわけである。

記憶と予兆　古代中国やメソポタミアの卜占は、私たち人間が世界と自分自身について「知る」ということの、真摯な営みでもあった。現代科学の地平から眺めれば、観察記録も演繹的卜占も、あるいは甲骨占いのような儀礼的卜占も、遠い過去のエピソードでしかないが、未来の予測という一点に絞ってみるならば、私たちの方法が彼らよりもよりよいという保証はないだろう。

重要な点は、「書」という安定的なメディアとして残される「記憶」は、単に過去の出来事を残すためだけではなく、未来に起こりうることを知り、そのための判断に役立てたいという、「予兆」のためでもあったということである。記憶と予兆は、人間の心においては、根をひとつにする働きかもしれない。このことは現代においても「情報」技術が記録とシミュレーションの両方を支えていることと対応しているように思える。

3　複製技術の社会

グーテンベルクのこだわり　印刷のはじまりは、文字のはじまりほど不明ではない。少なくとも西暦一〇〇〇年頃までには、中国は木版印刷を発達させていた。しかし当時の中国語は何十巻、ときには百巻を超えるような古典を印刷するために、数万字の漢字を使用する言語であり、機械的な大量印刷を実現するためにはあまりに複雑であった。

この点でヨハネス・グーテンベルクによる活字印刷には、アルファベットの文字数の少なさも幸いしていたといえるが、彼の金細工師としての経歴が金属活字の発明を可能にしたという点も見逃せない。人間の知への欲求が生んだ、ルネサンス最大の発明といわれてきたが、もし活字印刷の発明を促したのが知的環境であったなら、それはイタリアでなされていてしかるべきである。しかしグーテンベルクが生きたのは、ライン河畔の人口三千人にも満たない小都市であり、ルネサンスの花開くイタリアと比べれば、ほとんど中世といったほうがよさそうな社会だった。

グーテンベルクその人の人生についてはよくわからない点が多いが、金細工師として非常に優れた技術をもっていたことは確かである。重要なのは、グーテンベルクがその才能を生かす際に、すでに存在していた木版を向上させるのでもなく、また絵や図版の印刷を手がけるのでもなく、あくまでテキストの印刷のみに集中していたという事実であろう。テキストをアルファベットに分割し、再構成するというアイデアもさることながら、ひとつの文字に何種類もの活字を用意し、より美しく精巧な印刷を可能にする職人芸は、「テキスト」へのこだわりがなければ生まれなかったはずである。グーテンベルクがつくった金属活字は二百九十字にもおよぶ。小文字のaだけで八種類用意されたといわれ、鉛の成分が多い油性インクによって印刷されたテキストは、今日でもまったく色褪せていない。彼は効率よい印刷だけでなく、当時最高の写本にも負けないような、美しい書物をつくることに全力を尽くした。人類の歴史を大きく変えることになった発明が、科学でも哲学でもビジネスでもなく、あくまで一職人のこだわりから生まれたことを忘れてはならないだろう。

しかしその几帳面さがあだとなって費用がかさんだこともあり、印刷された聖書を売りさばいて事業化に成功したのは、発明者ではなく第一の出資者であるヨハン・フストだった。知られているように、グーテンベルクは最終的に裁判に勝ったものの、「四十二行聖書」の初版はフストの手によって出版されている。

世論の登場　メディアの歴史において重要なのは、あるメディアが登場したときに、それがどのような人々によって使われ、支持され、あるいは反対に抑圧されたかという社会的条件であるが、活字印刷機の登場の場合注目されるのは、後の世紀において支配的になる役割がすでに姿を現していたという点である。印刷業者、読者層、著述家そして聖職者を含む知識階級は、活字印刷に敏感に反応した。グーテンベルクがマインツの聖フランシスコ教会に埋葬されたのは一四六八年であるが、十五世紀の末までに二千万冊の本が出版され、次の世紀には合計二億冊に達したと推定されている。まさに爆発的な増加だが、ヨーロッパ社会にとって決定的だったことは、本が増えたということ以上に、字を読み書きできる人が増えたということだった。印刷された文字によって大量に伝わったメッセージは、それまでにはなかった社会現象をもたらした。それが世論である。

　もし活字印刷がなくても、マルティン・ルターはその思想を公にしただろうが、公にされた思想が「宗教改革」という歴史上の大事件につながったかどうかはわからない。ルターは一五一七年から一五二〇年にあいだに三十の著作を出版し、合計で三十万部売れたといわれる。現代のベストセラーからすればたいした数ではないが、それがヨーロッパの君主、貴族、政治家そして農奴にあたえた影響は絶大だった。ラテン語で書かれていたルターの論文はドイツ語に翻訳され、字の読めない人々にも訴えかけるように、漫画が添えられた。反乱を起こされた

英国ウェールズ州の村。雨の多い英国の「青空書店」。簡便、廉価、耐久……さまざまな点から、書物は人間の身の丈に即したメディアのなかでもっとも完成されたものであるといえるだろう。（撮影：港千尋）

ローマ教皇は、新しいメディアの登場にまったく無防備かつ無対応であり、世論の形成にたいしてなすすべを知らなかったのである。

複製とオリジナル　活字印刷機によるパンフレットや書物の大量複製が、世論の形成をつうじて近代以降の政治に与えた影響については、すでに多くの研究がある。これに比較すれば、漫画や図像、写真といったイメージの大量複製が、どのような社会的影響を与えたかについての、図像の歴史社会学的研究ははじまって間もないといえるかもしれない。この分野で先駆的な業績をあげたのは、ヴァルター・ベンヤミンであるが、映画や写真をあつかった『複製技術時代の芸術』が興味深いのは、二十世紀なってはじめて「アウラ」という概念が出されているということである。ひとつの型をもとにして多数の複製をつくるという意味での「複製技術」は、メソポタミア時代の印章やローマ時代の貨幣のように古代から存在していたし、絵画も彫刻も多くの複製が生産されてきたが、「オリジナルと複製」という概念が意識されるには、写真の登場を待たねばならなかった。

ベンヤミンの複製技術論が示すのは、複製があって、はじめて「オリジナル」が意識されるという概念上の問題よりは、イメージの複製をとおして形成される大衆社会という、根本的な変化であろう。それはイメージが資本主義経済のすみずみに浸透する、新たな世界の幕開けでもあった。

4 グラフィック・デザインのはじまり

イメージと商品　イメージと商品の関係が変わるのは、ベンヤミンが幼年時代を送った十九世紀の後半である。十九世紀のはじめまで、商品の流通を担っていたのは行商人たちであった。行商人の世界は、口承伝承で成りたっている。コミュニケーションの範囲は、村の広場で開かれる「市」の範囲であり、イメージではなく声で届けられるメッセージが商品の売れゆきを決めていた。この世界では町から町へ、村から村へと売りあるいていく行商人の速度で、需要と供給のバランスは取れていたが、産業革命以後、鉄道が現れ、郊外が出現し、農村から都市へと人口が流れこむにつれて、肉声によるコミュニケーションでは間にあわなくなる。

都市の時代にふさわしいヴィジュアル・コミュニケーションを可能にしたのは、まず紙の生産と印刷機械の大型化だった。十九世紀中頃にはパルプの大量生産の目途がつき、ロール紙が生産され、十九世紀後半になると百二十×百六十センチメートルという大判の紙が生産されている。一方印刷機械の性能も向上し、一時間に数千枚の印刷が可能になった。また同時期にスミ＋3色の版を使ったクロモリトグラフィーが完成し、カラー印刷の基礎が築かれる。

こうした技術的発展をバックにして、ポスターという名の新しい視覚デザインが誕生した。代表的な作品は、トゥルーズ・ロートレックによる大判のリトグラフであるが、モノトーンなパリの街角に貼りだされた鮮やかな色の大型ポスターは、まさしく都市の時代の視覚デザインとして登場した。それは広告という、不特定多数の都市群衆に訴えかけるコミュニケーションのはじまりであり、観客でもなく読者でもない「広告の受け手」という、第三の受容形態の出現であった。

グラフィック・アートの誕生

都市群衆の出現と新たな生産形態に敏感に反応したのは、ヨーロッパで最初に産業革命を達成したイギリスだった。一八三七年には最初のデザイン学校が設立され、ケンジントン美術館（今日のヴィクトリア&アルバート美術館）が最初の装飾芸術美術館として、デザインのコレクションを開始した。この時代の中心人物はウイリアム・モリスである。モリスはアート&クラフトを設立し、ヴィクトリア朝の〝悪趣味〟を批判した批評家ジョン・ラスキンの意志を受けついで、テキスタイルからタイポグラフィまで、新しい線の美学を打ちたてた。一八九一年に設立された出版社「ケルムスコット・プレス」による印刷物には、モリスの美学が集約され、大きな影響を与えてゆくことになる。

フランスとベルギーにおけるアール・ヌーヴォーやドイツにおけるユーゲントシュティルとともに、アート&クラフトの運動は、写本や工芸の純粋さにひとつの理想を見出したという意味で、中世の再発見という側面をもっている。それは「芸術家」と「職人」という二分化への抵抗であり、芸術と工芸が一体化してひとつの美学をつくりあげていた時代の再評価であった。またモリスをはじめとしてアンリ・ヴァンデヴェルデ、ヨーゼフ・マリア・オルブリッヒ、ヨーゼフ・ホフマン、チャールズ・レニ・マッキントッシュといった代表的な作家に共通しているのは、建築家としての才能である。統合芸術としての建築を中心にして、グラフィック、プロダクト、工芸といった諸分野を統一する美学を追及したのが、これらのアーティストであった。

この「中世の再発見」とともに重要だったのは「日本の発見」である。万国博覧会をとおして伝えられた日本の浮世絵をはじめとする工芸の影響は、一方でゴーガンやゴッホの作品で知られる「ジャポニズム」として知られるが、グラフィック・デザインや工芸においても、その影響は見逃せない。地と図との関係や文字と絵との融合を学んだり、自然をモチーフにする仕方を真似したり、あるいは日本の書に見られる「撥ね」を取りいれたタイポグラフィをつくりだしたりと、「日本」は多様なインスピレーションを与えたのだった。

革命の視覚言語　こうして準備された都市時代の視覚デザインを支えたのは旺盛な実験精神であった。ロンドン―パリ―ウィーンへとつながる世紀末芸術のグ

二〇世紀都市に特有の群衆知覚を理解するうえで、ビルボードの歴史は欠かせないテーマであろう。（撮影：港千尋、ニューヨーク）

ラフィック・アートを第一期とするならば、第二期はプロレタリア革命によって誕生したロシア・アヴァンギャルドであろう。アート&クラフト運動が、最終的に大量生産機械の否定につながったのに対して、ロシア・アヴァンギャルドは視覚的な実験と工業製品の生産とを両立させようと試み、革命の視覚言語を模索したのだった。詩人マヤコフスキーらが創設したアヴァンギャルド雑誌LEFや、プロパガンダ用のポスターなど、あらゆる印刷媒体がグラフィック・デザインの実験場となり、エル・リシツキーによるタイポグラフィ、アレクサンドル・ロトチェンコによる写真、グスタフ・クルシスによるフォトモンタージュといった数々の新しい表現が試みられた。

これらのグラフィック・デザインは同時代の芸術と連動しており、エル・リシツキーらの「構成主義」のように、特定の分野でなく、印刷、演劇、パフォーマンス、音楽、映画、建築などの分野を横断する「知覚の革命」がめざされていた。ある意味で一九一〇年代から三〇年代にかけて噴出したアヴァンギャルドの運動は、技術ではなく「思想としてのマルチメディア」であったといえるかもしれない。それは都市の時代にふさわしいスタイルの探求であると同時に、一九世紀に出現した「群衆」が知覚の主体となったことをも示している。だが彼らの運動はスターリンの登場によって失速し、弾圧と粛清のなかで消えてゆくほかなかった。

5 複製の文明へ

建築的精神　ヨーロッパに誕生したグラフィック・デザインの特徴のひとつは、建築がすべての基礎として据えられていることであろう。アート&クラフト運動についてはすでに述べたとおりであるが、バウハウスが建築家ワルター・グロピウスによって創設されたことも大きな意味をもっている。バウハウスのカリキュラムは校舎とアトリエを中心に展開しており、たとえばラースロー・モホリ=ナギが写真を基礎カリキュラムに取りいれたとき、彼らが撮影したのはバウハウスの建築であった。写真はまず自己と世界のあいだに関係をつくりだす道具として利用され、学生たちは撮影することをとおして、バウハウスの美学を発見していったのである。

ワイマールからデッサウに移った時点でモホリ=ナギはタイポグラフィ科を開く。一九二〇年代にはモホリ=ナギの『新タイポグラフィ』やエル・リシツキーの『タイポグラフィのトポグラフィ』、クルト・シュヴィッタースの『タイポグラフィのエレメント』など、ラディカルな理論書をとおして新しい視覚言語が試されていった。

バウハウスに学生として入学しながら、デッサウ校ではすでに広告の教育プログラムを依頼されたヘルベルト・バイヤーもまた写真、建築、装飾、広告といったジャンルを横断する天才デザイナーだった。バイヤーはバウハウス精神そのものであり、シンプルで機能的なデザインを革新するとともに、アメリカに移住した後はニューヨーク近代美術館の展覧会の展示デザインなども手がけて、戦後のデザインに影響を与えている。

一九二〇年代から三〇年代にかけてはまた印刷術と写真術が相互に影響しあって、次々に実験的な作品を生みだしたが、とくにモホリ＝ナギはフォトモンタージュを革新し、ジョン・ハートフィールドのようにモンタージュを強烈な政治批判の道具として使う作家が現れた。ロシア・アヴァンギャルドからバウハウスまで、この時代の創造のエネルギーは、「群衆」と「権力」という二大現象と拮抗しながら生まれたといってよいであろう。

「印刷」の変容　複製技術の発展は、戦後アメリカへと舞台を移し、数々の技術変革とともに今日にいたっている。最大の変化はコンピュータの登場であり、一九八〇年代以降は原稿の作成、デザインから印刷までを一貫してコンピュータが管理する時代となった。歴史的に眺めれば、グーテンベルク以来、アトリエや工場が管理していた「印刷」に大衆化が訪れたということになろう。

ここ十年のうちにインクジェット・プリンタの価格は急激に低下し、パソコンやスキャナとセットで売られることも当たり前になっている。かつて「印刷」とは印刷所や職場や学校でのみ可能なことであり、家庭でできるのは年賀状を木版で刷ることとくらいだった。その時代が、実は遠い過去のことではないことに驚かざるを得ないが、ともかく「印刷」がこれほど身近になったことはない。電子メールをはじめとして、個人が利用できるメディアは安価でしかも多様化し、メッセージを大量に送るために、印刷は必ずしも必要ではない時代になっている。

「環境」というファクターも見逃せない。印刷はインクと紙を大量に消費し、大量の廃棄物を出す。グーテンベルク聖書のような、鉛分の多いインクをもう使えないことは当然として、紙の消費量をこのまま放置するわけにもいかないだろう。もちろんコンピュータとその周辺機器が、汚染物質を出さないというわけではないし、OA化によって逆に紙の消費量が増えたという例もあるのだから、印刷と環境破壊の関係はそれほど単純なものではないはずである。しかし十五世紀に誕生し、十九世紀から二十世紀にかけて極端な拡大をみた「印刷」という産業が、転換期にさしかかっていることは確かであろう。

複製の思想　少なくとも印刷には今日、「紙のうえにインクをのせて同一文書を複製する」という伝統的な意味にとどまらない展開が期待されている。バーコー

パリにある美術印刷所「idem」。ピカソやマチスがリトグラフを作っていたことで知られるこの印刷工房では現在、世界中からアーティストが訪れて、新たなエディション芸術の実験・出版を行っている。（撮影：港千尋）

ドのように、機械によって読みとられるコードは、それが印刷可能な物体なら理論的にはどんなものでも、他の情報メディアとリンクさせることが可能である。バーコード印刷によって、それまで単体で存在していたモノは、インターフェイスとしても存在することになり、流通の管理からアーカイヴの構築まで、非常に幅の広い利用形態が可能となる。たとえば本に印刷されたバーコードをつうじて、そこに複数の情報をリンクさせることによって、書物そのものが図書館を潜在させているような状況は、容易に考えられるだろう。

薬品をはじめ遺伝子のサンプルを印刷すること、あるいはチップの小型化によって音や映像を本のなかに埋めこむことも、遠い先のことではないだろう。光学ディスクの登場以降、音も映像もゲームソフトも、プレスされることによって大量複製されている。複製の一般化は生命工学にもおよび、クローン動物の生産に成功してからは、ヒト胚のクローンの是非が議論される時代となっている。生命をあたかも印刷するようにして複製することが可能になりつつあるのである。

文字の誕生から今日まで、コミュニケーションは人間の生きる空間を拡大してきたが、ついにその範囲は生命を含む惑星全体におよぶにいたった。すべてが複製可能となった時代に、「創造」はいったいどういう意味をもつのだろうか。

第4章

写真と光学の時代

伊藤俊治

1

カメラ・オブスキュラから写真へ

カメラ・オブスキュラの発見　写真術が発明され、すでに一世紀半以上もの年月が流れている。一八三九年、ルイ・ジャック・マンデ・ダゲールの写真の発明がフランスの科学アカデミーで、フランソワ・アラゴーによって発表されたとき、この科学と芸術の界面から生まれた不思議な機械装置は、当時の交通網の拡大と情報網の浸透によりあっという間に世界中へと伝わっていった。

写真は十九世紀という文明技術の急速な発達のプロセスから生みだされた「自然に自己を複製する力を与える化学的、物理的な方法」（ダゲール）とみなされ、科学と芸術という二面性を常に垣間見せながら人々をその無限の神秘へと引きこんでいったのである。

写真の原型ともいえるカメラ・オブスキュラは、真っ暗な部屋の一方の壁に小さな穴を開けると反対の壁に倒立した外の景色が見られる現象をもとにした暗箱装置だった。紀元前四世紀頃にアリストテレスはこの現象を知っていたといわれ、十一世紀にはアラビア人の物理学者イブン・アル・ハイタムがカメラ・オブスキュラの原理を世界ではじめて書物に記述し、十五世紀にはレオナルド・

ダ・ビンチが彼の手記に詳しくそのメカニズムを書いている。さらにジョバンニ・デラ・ポルタは一五五八年に「この箱によって絵心のない人でも鉛筆やペンを用いて対象がどんなものであれスケッチできる」と書きしるし、芸術家にもこのカメラ・オブスキュラが利用できることを示している。また科学的応用法として一五四四年のオランダでカメラ・オブスキュラを用いて日食を観察し、太陽が三日月のように欠けてゆく様が記録されている。

光の科学　光の直進という原理により、カメラ・オブスキュラがつくりだす像は穴が小さければ小さいほど鮮明となるが、それでは光の量が不足し像は暗くなってしまう。穴を大きくすれば像は明るくなるが逆にぼけて形がわからなくなる。こうした不都合を解消するために十六世紀半ばには穴の部分に凸レンズを用いることが試みられ、やがて明るく、しかも鮮明な像を得ることができるようになった。

像の写るところに鏡を置けば像の上下は逆転し、上から覗けば正立像を見ることもできる。こうして工夫を加えられながらしだいに使い勝手のよくなったカメラ・オブスキュラは当時の人々によって絵を描くための補助器具として使われるようになっていった。

ルネサンスに遠近法が発明されて以降、デューラーやホルバインといった絵画の巨匠たちの使ったガラス透視装置やカメラ・ルシーダと呼ばれるプリズム状の投影装置などとともに、このカメラ・オブスキュラは絵画のための科学的な補助手段として、フェルメールやカナレットといった多くの画家たちに使用され、十八世紀末には画家用のこうした光学装置の製造が一大産業になるまで浸透していったのである。

写真発明のパイオニアであるニエプスもダゲールもタルボットもみな、この光学装置に惹きつけられ、研究を開始している。彼らはまずカメラ・オブスキュラが映しだすイメージに強く魅了された。その映しだされた光学作用の生みだすイメージを眼でなぞり、指でなぞり、筆でなぞる。それはまさに写真と絵画の関係を超えて、人がイメージを認識してゆくプロセスや、絵画誕生の瞬間としてプリニウスが語る、旅立つ恋人の影を岩の上になぞりとろうとするコリントの娘のエピソードを思いおこさせる。そして写真のパイオニアたちは、なんとかカメラ・オブスキュラの像を固定しようと、とうとう特別な化学的方法を使って写真を誕生させるのである。

視覚体験の歴史　現実世界を正確に定着し、記録し、とどめておきたいという欲望、客観性や明晰性への強い要求や自然感情の発露の問題など、ある特殊な精神環境のもとに、「見る」と「描く」の間の距離をなくそうとする〝光で描く〟写真が生まれたのは、おそらく十九世紀という視覚時代の必然だったのだろう。

そのような時代精神的な視点から十九世紀人の思考や感情のなかに写真というメディアがどのような影響を与えていったのかをもう一度思いおこさねばならない。そこには十九世紀人の欲望や夢がひしめきあっているのが見えるようだ。それはまさに人間の視覚の歴史において、もっともスリリングなワンシーンであった。人間がそれまで経験してきた知識と好奇心と夢が反射鏡のようにそこには錯綜していた。そうした人々の眼差しをいま、彼らが残した写真をもとに想いうかべることは、我々が失ってしまったものは何なのかを照らしだすことにもなる。それらの写真のなかに色濃く漂っている写真の創成期を生きた人々の特別な体験や情動に気づくとき、写真という〝光の絵〟はいっそう意義深く我々のもとへさしだされることになるだろう。

2 パノラマとジオラマ

パノラマの出現　〈光〉と〈動く絵〉に関連する多彩な視覚装置群が次々と発明される十九世紀は人々の視覚体験を大きく揺るがし、空間の視覚的再構成と眼の残像などの知覚現象を利用した動きのイリュージョンの発達はやがて世紀全体を覆ううねりのようなものとなってゆく。そのような視覚装置のなかでもとくに注目したいのはパノラマという視覚環境装置の発明である。

パノラマという円環状の光学装置が考案されたのは十八世紀末のことであり、まさにこのパノラマの出現によって十九世紀はパノラマ風の世紀と化していったといっても過言ではない。

パノラマは正確には一七八七年にエジンバラの画家ロバート・パーカーによって発明されたもので、パーカーは負債のため投獄された獄中に入りこむ光の効果からヒントを得てこの装置を思いつき、工夫を重ね、パノラマ（すべての眺望の意）という造語を与えた。監禁された閉鎖空間のなかで外部のすべての世界を見渡し、手にいれようとするこのパラドキシカルな欲望の構造にまず注目したい。

大きな円弧となった壁の内側にぐるりと精密な遠近法による市街光景や自然風

景の実物さながらの絵を描き、円の中心から見るというこのパノラマ館は、一七九三年にロンドンにできたものが最初だった。

ジオラマへの進化　さらに技術的な仕掛けによってのパノラマ館を完全な自然模倣の場にしようとする努力が十九世紀をつうじてたゆまず続けられ、人々は風景の刻々の移ろいや、月の出や滝の音などをそっくりそのままとどめようと試みる。
　その結果、新古典主義の代表的な画家であるダヴットなどは自分の弟子たちに、パノラマのなかで自然を模写せよという倒錯した指示を与えるまでになっている。

　やがてこの装置は見る側の前後から色々な光をあてて情景を変化させたり、画面の前に実物を配置して立体化するジオラマに進化し、さらに写真映像を生みだす源にもなる。というのもジオラマの発明者といわれるルイ・ジャック・マンデ・ダゲールこそ写真の発明者でもあったからだ。まさにヴァルター・ベンヤミンがいうように、「表現された自然のなかに、実物と見まちがうほど酷似した変化をつけようとしたとき、パノラマはすでに写真を超えて、映画やトーキーを予告」[★1]していたのである。
　ジオラマは、現在では博物館でよく見かける動物の生態や立体地図などを、剥製やミニチュアを使ってつくりあげる実物そっくりの擬似環境装置をいう。しか

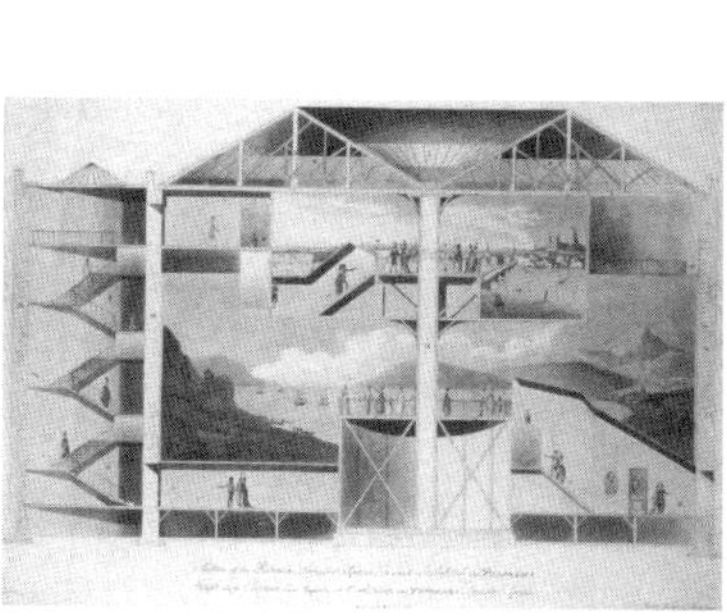
ロバート・パーカーのロンドンのパノラマ館内部

★1　ヴァルター・ベンヤミン著『複製技術時代の芸術』（高木久雄他訳／晶文社／1970年）

しその命名者のダゲールとシャルル・マリー・ブートンが一八二二年につくったジオラマはその内容をかなり異にしている。ベンヤミンもいうように、いわばそれは映画の原型とも呼べるものであり、正確な遠近法によって半透明のカンバスに風景を描き、これに反射光や透過光をあてて場面を次々と変え、千変万化する光のドラマを繰りひろげる情景装置であった。

ダゲールははじめ舞台装置家のデゴッティの徒弟として出発し、やがてパノラマ風景画家となり、この現実とイリュージョンの境界を失わせる密室の効果をよりいっそう高めようと、パノラマの臨場感に各種のスポットライトを重ね、実物模型を配置して、実景以上の美しい見世物を思いつき、これをジオラマと名づける。

パノラマが表面に描かれ固定された絵であるのに対し、ジオラマはひとつのフレームのなかで変化するため、絵の実体性がひどく希薄になり、マジック・ランタン（幻燈装置）に似た光のつくりだす魔術的なイメージが現出した。

ジオラマの魅力は迫真的な実景の再現というより、ある意味で現実とはまったく異なった次元の美しさを見世物として出現させたところにあるといっていいかもしれない。現実と現実そっくりのもうひとつの現実の共存であるジオラマは、その色彩と明暗の魔術で何よりも見る者に強い幻覚を抱かせた。かのボードレールはこのジオラマの魅力を阿片喫煙者の見る夢にたとえたことがあるが、まさにジオラマの出現は〝人工楽園の視覚〟の発生でもあった。

オランダ・ハーグの現存するパノラマ館の内部

現実と非現実　「外部の光景がジオラマのようだ」とか「ジオラマのように自然が見える」という言いかたが十九世紀にはしばしばなされたが、考えてみればこれは実に奇妙なものの見方である。なぜならジオラマとはパノラマ同様、もともと自然についての再現イメージだったはずだからだ。それがいつのまにかその関係が逆転し、ジオラマが自然にそっくりだというのではなく、自然がジオラマのように見えるという言いかたがアクチュアリティを帯びてくる。

そこには、自然ではなく、自然よりも自然らしい効果をもつ何かが生みだされていた。もはや現実ではなく、技術と人工を駆使して現実よりも現実らしい空間や現実を超えた空間が生みだされるようでなければならなかったのだ。そしてこの微妙で逆説的な眼差しは自然と人工の、現実と非現実の関係が根本から変わってしまったことのあらわれとなる。以後、十九世紀や二十世紀をつうじて現在にいたるまでの新しい現実感がここから出発することになるのである。

ダゲールの考案した簡易式ジオラマBOX

3

ニエプスとダゲール、写真の誕生

ニエプスとダゲールの協力　一八三九年、パリ中の人気を集め、一世を風靡していたダゲールのジオラマ館は火事で消失してしまい、以後、ヨーロッパ中に広がったジオラマ・ブームは急速に色褪せていった。いうまでもなくこの年はダゲールの写真術ダゲレオタイプがアラゴーにより発表された年である。写真術の発明は単に視覚技術の革命となったばかりではなく、世界に対する認識や視点も大きく変容させてしまった。そしてジオラマが発生させた人工自然のなかの新しい逆説的な感受性は、この年を境に、写真という新しいメディアにすみやかに吸収され、受けつがれていったのである。

ダゲールはそれ以前の一八三七年にニエプスと共同研究を進めていた写真術をすでに完成させていた。ニエプスは発明マニアで、ドイツから伝えられたリトグラフィ（石版印刷術）に関心をもち、息子のイシドールに絵を描かせ、それを大量に刷り販売するという事業を思いつく。しかし息子が兵役にとられ、自分で下絵を描く必要にせまられたとき、誰にでも絵が描けるというキャッチフレーズで商品化されていたカメラ・オブスキュラと出会う。そしてこのカメラ・オブスキュ

ダゲレオタイプのカメラ

ラの像を自動的に版に刻むことを考え、あれやこれやと実験と探求を重ね、アスファルトの一種に感光性があることを発見し、カメラ・オブスキュラにアスファルト版を挿入し待つこと数時間、ついに彼の家の二階の窓からの光景の固定に成功するのである。その世界最初の写真といわれる一八二四年の写真にはモノクロームのぼんやりとした家並みが写しだされている。

ダゲールはカメラ・オブスキュラの像の定着にニエプスが成功しているというこのニュースを聞き、急いでニエプスと連絡をとり、共同研究の契約を結んでいる。二人は銀塩の光化学反応などについて次々と新しい発見を重ねていった。しかし志半ばにしてニエプスは他界し、ダゲールが一八三六年頃に銀版写真術のめどをつけたにもかかわらず、その成果を目にすることはできなかった。ダゲールはこの写真術に自らの名を冠してダゲレオタイプと命名している。彼は特許のことで悩みながら、結局、当代一の科学者アラゴーにすべてを委ね、写真術を公表することになる。

タルボットと自然　ロンドンでこの写真発明のニュースを聞いてくやしがったのはタルボットだった。彼もまた独自に写真術の研究を続けており、一八四一年に、紙のネガから複数の焼増しの得られるネガ=ポジ法の写真術を完成させ、ギリシャ語のカロス（美）にちなみ、その名をカロタイプと名づけている。ダゲレオタイプは複製のきかない一枚の写真であったため、タルボットのこのカロタイプが現代につうじる複製技術としての写真の誕生となる。タルボットは一八四四年、世界初の写真集『自然の鉛筆』を発表、そこにはイギリスの温泉地ラコックアベイ周辺の湖畔や草原がおさめられ、産業革命から半世紀を経た英国人の自然感情が、イメージをとおして形象化されていた。〝自然の鉛筆〟というタイトルをつけたのは、写真とは自然という造物主自らの手によって刻印されるイメージなのだというタルボットの強い信念ゆえであった。この視点は今から考えると非常に重要である。写真は光学・化学的手段によって形成され、描出される。自然の作用がイメージをつくりだしてゆくのであり、人はただそれを手助けしているにすぎない。そして写真はイギリスでは同時代の万博時につくられた巨大なクリスタルパレス（水晶宮）や外光派絵画などと同様な光の信仰の一部となり、自然に自己を複製する力を与える方法とみなされ、その特別な視覚世界へ人々を巻きこんでいったのである。

このような写真の創成期の人々によってなされた刺激的な発見と原初的なイメージの誕生をきっかけに、以後、さまざまな写真家たちがいろいろな分野や領域においてあらわれてくる。辺境や極地など世界中をかけめぐり、その光景の断片をもち帰ってきた旅行写真家や探検写真家たちの驚異と好奇に満ちた写真映像、人間の顔や姿に強い関心を寄せ、謎と魅力にあふれるポートレイトの数々を残してゆく肖像写真家たち、激動する時代のなかで、自然の変質や都市の変容に気づき、写真の意味と特性にめざめてゆく記録者たち、自らの死も顧みずに最前線に繰りだし危険な冒険を試みる戦争写真家たち、さらに絵画と対立しながら独自の表現世界を生みだそうと苦心する芸術写真家など、十九世紀には多彩な志向をもつ写真家たちがあらわれてくるのだ。彼らのこうした活動と表現をたどることは、実は人間が生きてきた視覚体験の変容の軌跡をさまざまな角度から追体験してゆくことでもあることを忘れてはならない。写真の誕生は、まさにそうした人間の新しい体験を促していったのである

ニエプスによる世界最初の写真（1824年）

4

ステレオスコープと新次元

ステレオスコープと立体写真　写真術が発表されて十年あまり後の一八五一年、ロンドンで開かれた第一回の万国博覧会において、デヴィット・ブリュースターの発明したステレオスコープという立体視のできる視覚装置が展示され、近代産業の幕明けを告げる万国博覧会の数多くの展示品のなかでも特別な関心を集め、大きな反響を巻きおこした。

この万国博が開かれた年は、ダゲレオタイプの発明者ダゲールの没した年であり、イギリスのフレデリック・スコット・アーチャーによってすばやく撮影や現像のできる簡易の写真術であるコロジオン温板法が完成した年でもあることに注意したい。つまりこのコロジオン温板法とステレオスコープの登場により、それまでの既存のふたつの写真の方法、ダゲレオタイプとタルボットの考案した紙ネガ法が急速にすたれていってしまうのである。

一八五一年はその意味で十九世紀の視覚史や近代の映像技術史において特筆すべき年だったといえるだろう。つまりその年を境に、写真集やポストカードなど本格的な映像の大量生産のシステムができあがってゆき、かつ映像の立体化や多重化への道が開けてゆくことになる。

　実物さながらに立体感をもったイメージであるステレオ写真そのものは写真が発明されてまもない一八四〇年代初めからさまざまに実験、構想されていた。初期のステレオ写真は、一台のカメラで二ヵ所から撮影されたり、二台のカメラで同時に撮影されていたが、やがてステレオ写真専門のカメラがつくられるようになる。この発明者がブリュースターであり、彼は一八四九年に、ダゲレオタイプが発明される以前にチャールス・ホイーストンが考案していたステレオスコープを大幅に改良して立体写真を完成させている。

　さらにイギリスの光学機制作者ジョン・B・ダンサーは、焦点、絞り、適正露出が自由にコントロールでき、続けて何枚でも立体写真を撮ることのできるマガジン・ローディング・システムを内包したカメラを開発し、このカメラが広く人々に使われるようになる。

　あまり意識することはないが、我々は通常、世界をふたつの眼球というレンズ体をとおして見ている。そしてそのふたつのレンズの見る像は少しずつ異なっている。我々はこのふたつの眼球による視差を脳神経の作用によって心のなかで結びつけ、〝奥行き〟という現象を生みだしているのだ。ステレオスコープはいわばこの眼のメカニズムを物理的に外化させた装置といえるだろう。

　眼の視差を、ちょうど人間の瞳の間隔に離れたふたつのレンズをもつ立体カメ

ステレオスコープ装置

ラを使って撮影するのである。

通常の写真と決定的に異なるのは、単眼ではなく双眼に及ぼす複雑な視覚効果だという点である。二枚一組の写真をこのステレオスコープをとおして覗くと二枚の写真が溶けあい、人物や風景が浮きぼりのようにくっきりと立体的に見えてくる。写真の重合が見る者の眼前に、二次元と三次元の中間領域のような不思議なトポスを立ちあがらせるのだ。

カレイドスコープやピープショーなど、覗くことによって成立するゲームや装置は十九世紀において数多く考案され、次々とブームになったが、ステレオスコープはそうした視覚装置群とは一線を画し、スリリングで相互作用的な幻視の機械として広く受けとめられていった。他の覗く機械があっという間にすたれていったのに対し、ステレオスコープが二十世紀にも生きのびたのはそうした特殊な視覚環境の生みだすことができる機械だったためであった。

イマジネーションと写真　プロシア、ローマ、ベニス、ニューヨーク……このステレオスコープによって人々は世界中を旅することができた。開拓者とともにアメリカのフロンティアを進んだり、インドの密林でトラ狩りに繰りだしたり、火事の現場に立ちあい、嵐のまっただなかへ潜りこんだりすることもできた。旅行は不思議さにあふれていて、その映像のもつ豊かな細部と異次元効果による未知への憧れが、見続けていると今度は故郷へ帰ってゆくような懐しさに満たされてしまう。当時の中流家庭では何百枚ものステレオ写真をもち、客間には針金で組みたてたステレオ・ヴュアーと写真アルバムとは不可欠のものとなっていたという。

ステレオスコープは日常世界に新しい開穴部をつくり、そこから異次元の宇宙をのぞかせていた。ステレオスコープによって見る者の精神がイメージ空間の深くへまぎれこむことができた。夢想家やアヘン吸飲者の幻想よりも、もっとリアルでアクチュアルな日常の幻想へと自らの身体感覚を溶けこませてゆくことができた。そしてそのことによって我々は眼に見えるものは本質ではなく、眼球という光学装置によって変換を余儀なくされて媒介される情報であり、眼に見えるものはそれ自身においてもともと模像であるという事実にまでつきあたらざるをえなくなってゆく。考えてみれば我々の現実の空間があって、その同じ場に別の空間が何重にも重なりあっているという共存する空間と空間の境界線を見るための装置としてこのステレオスコープは生まれてきたのかもしれない。

5 写真と複製環境の拡大

オリジナルの失効　すでにグーテンベルクの時代から印刷が社会を変革する力をもっていることは認められていたが、メディアとしての可能性を十分に発揮するようになるのは、十九世紀に入って読み書きのできる新興中産階級が擡頭し、印刷物がすみずみに浸透するようになってからのことである。

この前提には十八世紀末から十九世紀はじめにかけて起こった木口木版や石版術の発明、製紙機械や複式印刷機の出現といった印刷革命などがあげられるだろう。このことによって、かつて少数の人々のためにあった絵入りの本や図鑑などが一般の人々にも安価で広まってゆく。さらに十九世紀前半には「ラ・プレス」紙や「ル・グローブ」誌など続々と新聞・雑誌が創刊され、一八五一年にはブランカール・エブラールにより、マキシム・デュ・カンの世界初の印刷された写真集『エジプト、ヌビア、パレスチナ、シリア』を筆頭に、当時一級の写真家たちの写真集が次々と大量生産され、産業と文化、技術と芸術が結びつき、イメージは反復され、もうひとつの新しい経験の次元を生みだしてゆく。

とくに写真の発明と十九世紀末に考案された写真印刷術の出現は複製技術を従

来とは異なるレベルに押しあげ、かつての芸術作品全体を複製の対象にするまでになり、芸術文化そのものの性格にも大きな変化を与えてゆく。

たとえば一八六七年にエドアール・マネがヨーロッパ中を震撼させたメキシコのマクシミリアン帝廃位銃殺事件を写真・新聞・電波といった情報伝達手段を利用し、事件からわずか数ヵ月後に『皇帝マクシミリアンの処刑』という名作を描くことに成功したり、イギリスのラファエル前派が写真の時代を背景に北欧神話やギリシャ悲劇を漁りまわり、その精神を写真のような迫真的な表現で絵画化したり、ジャポニズムから東欧神話までのイメージ収集を行ったアルフォンス・ミュシャが、それらのイメージの境界が判別しにくいほどの処理をして世紀末グラフィズムの黄金時代を築きあげたりと、写真や印刷物を通した情報や物語の獲得は十九世紀後半の芸術文化の動向をさまざまな角度から刺激していった。

複製された芸術は作品の一回性を喪失させ、作品が受けてきた時間的、物理的な変化を無効にしてゆく。本物という概念はオリジナルの「いま」「ここに」しかないという性格に裏打ちされてきたのだが、そのことが消滅させられる。複製はオリジナルを、それがかつて思いもよらなかった状況に次々と置いてゆくのだ。作品の起源からその歴史的な意味までいっさいがそこでは薄められてしまう。つまりヴァルター・ベンヤミンが指摘するように一回性が失われ、作品がもっていた歴史的なアクチュアリティに代って空間的なアクチュアリティが芽生え

写真発明を伝える当時の漫画

てゆくのである。

イメージと大衆　さらに考えてみたいのは大衆社会における複製の受け手側の問題である。まず見逃してはならないのは人々が複製に取りかこまれるようになると、人々はその形式にではなく、その内容に注意を向けるようになってゆくことだ。写真による複製に慣れてくるとイメージの写真的な歪曲を問題にすることはなくなり、人々はじかにものを見て考えるよりも写真的な見方をしはじめ、ついには写真による複製が現実そのものをあらわす基準として用いられるようになる。あまり注意することもなくなったが写真印刷メディアのほとんどは、こうした写真的なものの見方によって編集され、構成されている。写真そのものは実は現実とは異質なものなのに、写真的なイメージや構成を基準に現実が把握されてゆくのだ。科学や哲学、思想、宗教などにも多くの変革がこの時期に起こっていったが、十九世紀中葉に生まれはじめた、この見ることや視覚的記録や記憶に関する変革ほどその移行が鮮明なものはないだろう。

また写真の複製により西洋美術の本質にもメスが入れられてゆく。このことは当時、賞讃されていた多くの名作の評価を再検証させ、また知られていなかった多くの作品に新しい価値を生じさせるという現象も起こし、普遍的なものとされていた美の概念が限られた地域の一過性の芸術の一側面にすぎないことを、西欧世界に告知することにもなった。美は西洋にだけある絶対的なものなのではなく、あらゆる地域や民族のあらゆるレヴェルでさまざまな美の位相が繰りひろげられていることを人々は世界中から運ばれてくる写真の複製で知るようになるのである。

写真によるリアルな複製技術は「オリジナル」と「サイズ」の感覚を失効させ、「芸術」と「大衆」の関係を変化させ、「大衆のための芸術」という図式を完成させた。ベンヤミンのいうように「芸術」は追いもとめるものではなくなり、「芸術」がすべての人々に捧げられるようになる。そして日常と芸術はその境界を少しずつ失いはじめていったのである。

19世紀に大流行した肖像写真館の内部

第5章

映画・時間・運動

伊藤俊治

1

映像メディアの再考

映像とは何か？　「映像」は、英語のイメージの訳語であり、フランス語ではイマージュという。もともと「像」や「影」、「象徴」や「印象」といったことを意味していた言葉だ。

人の眼の網膜に映った外界の姿もイメージであり、知覚像や実像と呼ばれる。また眼を閉じた後、心のなかにあらわれるさまざまな像もイメージであり、心像や不在像、主観的映像とも呼ばれる。もちろん外界を写しとった写真や映画もイメージであり、それらは物的像や客観的映像などと称される。つまりイメージという言葉には網膜に映った肉眼上の映像から内面的で心的な主観映像やコミュニケーション媒体としてつくりだされた機械映像まで、さまざまな種類があり、それぞれ固有の特性をもっているといえるだろう。

しかし通常、映像はコミュニケーション媒体としてつくりだされた物的映像（写真、映画、テレビ・ビデオ、コンピュータ・グラフィックスなど）を指し、技術的、科学的、機械的な操作により再現された事物の姿がコミュニケーションのために使用されるケースをいうことが多い。あるいは写真と区別し、映画やテレビ、ヴィデオなどのムーヴィング・イメージ（動画）全体を意味することもある。基本的には写真以降の機械を用いて記録・表現される画像のことであり、我々自身が主体的に見る対象としての映像といえるだろう。

一九九五年にフランスのリヨンでリュミエール兄弟によるシネマトグラフィ（映画）誕生百年を記念して、リヨン・ビエンナーレが開かれたが、そのときの構成は興味深いものだった。つまり①写真の時代（一八八〇〜一九一〇）、②映画の時代（一九一〇〜一九五〇）、③テレビの時代（一九五〇〜一九九〇）、④ヴァーチャル・リアリティの時代（一九九〇〜）と四つの時代に分け、映像の歴史を、あらたな表現の歴史として整理し直したのだ。

通常ならば、映画の時代は視覚技術史に沿って映画が実用化された一八九五年を起点とするはずだが、それを一九一〇年にもってきているのは、Ｏ・Ｗ・グリフィスの『国民の創生』やパストローネの『カビリア』というエピック・フィルム（歴史映画）のはじまりを映画の時代の幕開けとみなしているからである。テレビの時代を定時放送の開始である一九三〇年代ではなく第二次大戦後にしているのは、テレビ受像機の大衆化とカラー放送の開始を意味すると同時に、テレビを使った新しい表現としてのヴィデオ・アートが生まれたからである。いずれにしろそれぞれの時代は新しい表現法を産むばかりではなく、世界の見方や世界の認識の仕方に影響を与えてきた。

ロンドンの映像博物館の映像史の展示

映像概念の変容

そして近年のコンピュータ技術やメディア技術の進展の渦のなかで映像概念も大きく揺るがされているが、それは単なるアナログからデジタルへ映像の軸がシフトしたという問題ではなく、映像を取りまく環境が質的に変化したということである。例えば写真と映画、静止画と動画といった区別がデジタル化を経ることにより便宜的な区別でしかなくなり、映像のデジタル化によりかつての一義的な結びつきが意味をもたなくなってしまう。また映像のデジタル化によりネットワーク環境やインタラクティヴなシステムがより重要性を増してきている。

こうした事態をピーター・ヴァイベルは、"写真の状況"（フォト・コンディション）が"ネットワークの状況"（ネット・コンディション）により拡散し、溶解してしまったためと指摘する。

"写真の状況"が絵画のあり様を変え、"ヴィデオの状況"（ヴィデオ・コンディション）"が映画のあり様を変え、"デジタルの状況"（デジタル・コンディション）がヴィデオやテレビのあり様を変えたように、今や"ネットワークの状況"が従来のメディアのあり様を大きく変えようとしている。その指摘は視覚技術環境の変容よりも物理的空間と情報空間の交差と融合、さらにはネットワークのなかで運動する精神のあり様に焦点があてられている。

ともあれこうしたメディアの変革はこれからも映像の形式や表現法を次々と変えてゆくだろう。そのような変容の時代に映像がどのように生まれ、どのように変化していったのかを多面的に見てゆくことは重要である。映像は人の見ることの意味や欲望を明らかにする。我々の見ることの意志や欲望が映像を誕生させ、逆にまた映像が我々の精神へ入りこむことで新しい感覚や意識が生まれてきた。そのことの再発見が必要な時代のさなかに、我々はいるといえるだろう。

初期の映像投影装置ポリオラマ

2

映画前史

運動をとらえる写真　写真は瞬間をとらえるものと思われやすいが、写真史の初期においては数分間という露光時間が必要であり、写真の時間は瞬間的という言葉からはかけはなれていた。当時、渦になった煙や波立つ水といった自然の現象は記録できなかったし、人のすばやい表情や動物の動きなどもイメージにとどめることはできなかったのである。

こうしたことが可能になるのは、イギリスのフレデリック・スコット・アーチャーが、湿式コロジオン法を一八五一年に公にしてからのことである。この方法によって、光の束の間のあらわれや瞬間的な効果がつかまえられるようになり、写真家たちはこの新しい写真の表現に強く魅せられてゆく。

しかし瞬間的な動きの表現の本格化は、マイブリッジやマレーといった〝時間のパイオニア〟の登場まで待たねばならない。

イギリス人でありながらアメリカに住んでいたマイブリッジは一八七二年から動態の連続撮影の実験を続けていたが、ようやく一八七八年にその撮影に成功する。競馬場のコースに沿って十二台のカメラが並べられ、それぞれのシャッターに結びつけられた糸はコースを横切って張られ、馬が走ってきて糸を断ちきると同時に次々とシャッターが切られるという仕掛けが考案されたのだ。そして、その鮮明で正確な馬の連続イメージは、人々を驚かせる。

この実験の成功はマイブリッジを一躍有名にし、一八七八年末にはそれらの写真はパリの科学雑誌『ラ・ナチュール』に掲載され、反響を呼ぶ。その後、一八八〇年にマイブリッジのカメラは二十四台に増やされ、八一年にはパリに渡って、瞬間写真を信じない人々のために考案したズープラクシスコープで銀幕一杯に馬の疾走する姿を再現し、一大センセーションを巻きおこす。

このズープラクシスコープは、一八五〇年にオーストリアの砲術研究家フランツ・フォン・ウヒャチウスが考案した動画装置へリオシネグラフと基本原理は同じで、回転ガラス円盤に二十四コマのギャロップする馬の姿が転写され、幻灯装置によってスリット式シャッター用円盤越しに投影するものであった。

マイブリッジの動態写真撮影は、その後も一八八三年から八五年にかけてフィラデルフィアで大規模に行われ、動物や鳥ばかりでなく、成人の男女、子供、病人、老人……と様々な種類の人間の運動に関する調査が実施されることになる。こうして記録された動態写真は十万枚を超えたといわれ、そのうちの二万枚を選んで全十一巻の『動物の運動』が一八八七年に刊行された。

写真から映画へ　マイブリッジの連続写真を『ラ・ナチュール』で見たフランスの生理学者マレーは、飛んでいる鳥を撮影するために自分が試作していた写真銃の参考にしようと、マイブリッジと連絡をとり、一八八一年にパリを訪れた彼から様々な助言を受け、翌年、ようやくその写真銃によるクロノフォトグラフィを完成させている。クロノフォトグラフィとは〝時間経過連続写真〟とでも訳せるだろうか。つまり一枚のフィルムに、運動の連続的な形態を同時に写しこんだものであった。

マイブリッジとマレーの写真の違いはそこにある。マイブリッジの場合は一枚のフィルムに一カットずつ、しかも連続するカットの時間間隔は曖昧だったのに対し、マレーの場合は一枚のフィルムのなかに連続する数カットを写しこみ、そのカット間の時間間隔を厳密に決めたのである。これはマレーが、空間と時間の同時表現が運動の原理を分析するために重要であると考えたためだった。

マレーの写真銃は、一八七四年にフランスの天文学者ピエール・ジャンサンが太陽面を通過する金星のシルエットを撮影するため、リボルバー・ピストルからヒントを得て発明したリボルバー・カメラを改良したもので、一秒間に十二コマの撮影ができた。マレーはこれらの装置を駆使してフェンシングする人やボートを漕ぐ人などの様々な人間の様態、水中に棲むタコやクラゲの動き、さらには昆虫の運動などもクロノフォトグラフィにとらえている。またマレーはこの写真を実験生理学にも応用し、亀の心臓を使って心室と心房の運動のメカニズムの撮影を行ったり、顕微鏡を使った微生物世界の動きの撮影をしたりもしている。

マイブリッジやマレーの活動でもうひとつ見逃してはならないのは、それらの写真が映画という新しい時間芸術の引き金になったということである。たとえばマイブリッジは、ズープラクシスコープで動く動物たちの姿をスクリーンに映写して見せるばかりではなく、一八八八年には動画と音声を同時に再現しようと、蓄音機を発明したばかりのエジソンへ相談に出かけたりしている。

またマレーのクロノフォトグラフィも同年、紙フィルムを用いた〝可動フィルム式クロノフォトグラフィ〟に改良され、翌八九年からは発明されたばかりのセルロイド・フィルムが使用された。このクロノフォトグラフィこそは映画撮影機のプロトタイプとなったものであり、無孔フィルムであった点を除けば、以後の撮影機のすべての条件を備えたものだった。

十九世紀後半のごくわずかな期間に、写真技術の革新の動きとも並行し、映像のなかの時間表現は大きく変化していった。それは大まかにいってしまえば静止した永劫の時間から、運動する瞬間的な時間への移行であり、その断片化された時間は再び集積され、映画を生むきっかけとなったのである。

マレーの写真銃

3

映画の誕生

映画へのさまざまな道　写真ももちろんそうだが、映画も決してエジソンやリュミエールといった発明家や科学者だけによって生みだされたわけではない。写真発明のためにニエプスやダゲールがさまざまな最先端の技術や知識を土台に、ほとんど同時平行的に試行錯誤を繰りかえしていたように、映画もまた時代の大きな視覚的欲望と衝動のうねりのなかで多くの人々の熱意と努力によりあるプロセスを経て生みだされていった。

たとえば一八八八年、シネ・カメラの原型といえる可動フィルム式クロノフォトグラフィをマレーが完成させた同じ年にイギリスの写真家フリーズ＝グリーンは、発明家モーチマー・エバンスとの共同研究で、紙フィルムに一秒間十コマ撮影できるマシン・カメラを発明する。翌年、このカメラは世界最初のシネマ特許とされたため、イギリスではこの年をシネマ誕生の年とみなしている。実はこれ以前の一八八四年、イギリスの発明家J・A・ラッジがひとつの画面がしだいに消えながら次の画面へと移ってゆける新しい映写装置バイノファンタスコープを発明している。そして、さらに同郷のフリーズ＝グリーンとの共同研究により、

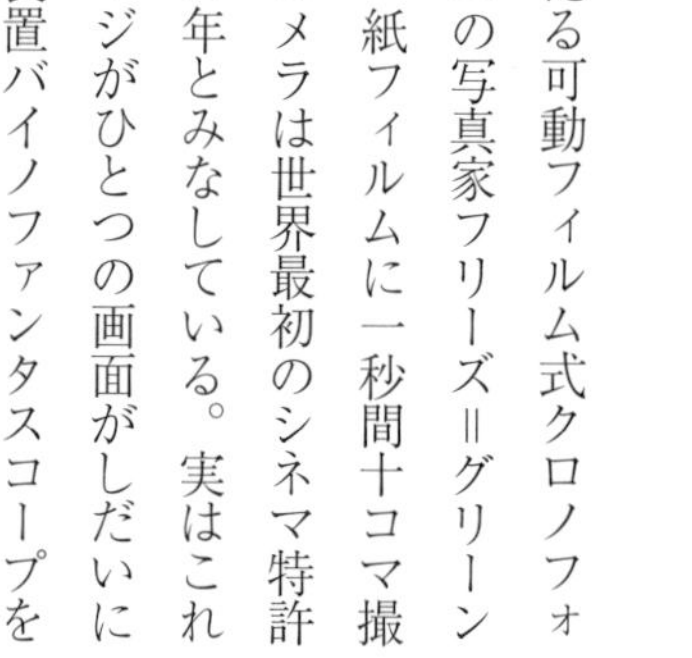

チャールズ・レイノーのプラクシスノスコープ（1882年）

らせん状に数百コマの小さい連続写真を並べたガラス円盤をレンズと光源の間に回転させるらせん円盤式映画の開発に取りかかったのだが、ラッジはまもなく他界し、この研究はフリーズ＝グリーンが受けつぎ、一八八五年に完成している。フリーズ＝グリーンはこの映写装置の完成をふまえてシネ・カメラの開発へ向ったわけだ。

また一八九一年にはアメリカのエジソン研究所の助手ウィリアム・ディクソンが、マレーのクロノフォトグラフィを参考に、エジソン指導のもと、一秒間四六コマの撮影ができるシネ・カメラ（キネトグラフと命名）をつくりあげた。同時にエジソンはディクソンと共同でプロジェクターの開発に取りくみ、一八九三年、キネトスコープという一人用の覗き見式映画装置を完成させている。このキネトスコープには、エジソンがコダック社に依頼してつくった三五ミリ幅のフィルムが50フィート装填され、一秒四六コマのスピードで一五秒間の映像を見ることができた。この装置は一八九四年、パリで初公開された。これにリヨンの写真材料商だったルイ・リュミエールは強い関心を抱き、キネトスコープを改良して、多数の見ることのできる興業用プロジェクターの製作を思いたつ。そして、兄オーギュストとともに、マレーのクロノフォトグラフィとエジソンのキネトスコープの長所をかけあわせ、カメラ兼用プロジェクターであるシネマトグラフを完成させることになるのだ。フランスではこの年を正式の映画の発明年としている。

ステレオスコピック・プロジェクション（1890年）

映画と感覚　翌一八九五年、パリのキャプシーヌ街グラン・カフェの地下、サロン・インディアンでこの映画の最初の公開が行われ、一大センセーションを巻きおこした。このとき、上映された『列車の到着』を見ていた観客は、自分たちへ向かってくる列車を避けようと、みな立ちあがり逃げようとしたという。それはまさに〝映像の世紀〟としての十九世紀最後のクライマックス・シーンだった。

映像メディアにはその映像メディア特有の秩序や構造が内包されている。そしてそれらの映像メディアはそれを受けとめる人々の現実意識を変容させ、時間や空間の感覚を変えるだけではなく、人の死生観や世界観にさえも大きな影響を及ぼしてしまう。

人間は常にその人間が生きて、住みついているメディア環境に支配されているともいえるだろう。新しいメディアはただ利便性をもたらすだけでなく、人間社会内部の個々の相互関係を本質的に変えてしまう力をもつ。すべての人々はその時代特有の、その社会や集団固有のメディアの秩序や構造のなかで生きてゆかざるをえないのだ。さらにいえば新しいメディアはその時代や社会を変えるだけではなく、過去のメディアの秩序や構造を組み変えてゆくことも忘れてはならないだろう。

電動化されたタキスコープ（1895年）

これまで繰りかえし指摘されてきたように映像メディアが写真や映画しかなかった時代に生きた人々と、テレビやヴィデオが日常化した時代に生きた人々との間には、ものの見方や感情の質に大きな違いがある。ましてや写真や映画がなかった十九世紀以前の人々の思考や感覚を想像することは非常に困難なことである。いずれにしろ今日では映像メディアが我々の感覚や現実認識の枠組みをコントロールする鍵をにぎっている。十九世紀の視覚技術の変遷をたどることは、そうした映像メディアと人間のインターフェイス上で起こってきたさまざまな亀裂や衝突をもう一度正確に考えるための重要なポイントになることだろう。

4

リュミエールとメリエス

映画と興行　リヨンで写真乾板工場を経営していたリュミエール兄弟はフランスに紹介されたエジソンのキネトスコープに刺激を受けて独自の装置の開発に取りくみ、一八九五年にパリのグランカフェの地下で初めて映画を公開した。上映された作品は『リュミエール工場の出口』、『シオタ停車場の列車到着』、『水をかけられた撒水夫』、『舟あそび』、『赤ん坊の食事』など十本ほどで、あらかじめ興行広告をし、ポスターをつくり、一フランの入場料をとって成功させたのである。

これらの映画は基本的には事実の記録であり、実写であった。ルイ・リュミエールにまつわるこんなエピソードが残っている。リュミエールが奇術師のジョルジュ・メリエスを自宅に呼び、その新しい発明を見せようとした。リュミエールが壁に海の景色を写しだすと、メリエスはその映画のなかの波が突然動きはじめ、自分のほうに打ちよせてくるのにびっくりする。初めメリエスはこれを魔術だと思ったが、しだいに奇術だと思うようになる。彼はただちにその映画を買いたいと申しでて、その仕組みを知ろうとした。しかしリュミエールはメリエスに

リュミエール兄弟『シオタ停車場の列車到着』（1895年）

リュミエール兄弟『リュミエール工場の出口』（1895年）

は売ろうとせず、その仕組みを教えようとしなかった。リュミエールはそのとき、こう語ったという。

「これは娯楽のためのものではなく、真摯な科学のためのものであり、記録のための手段なのです」

この言葉にリュミエール的な視点とメリエス的な視点の違いが明確にあらわれている。事実の記録からはじまった映画は、すぐにストーリーをからませる劇映画へと展開してゆく。当時、デュマやゾラ、イプセン、ストリンドベリなどの劇作家が活躍していたし、オペラも盛んで、大衆層にはボードビル、バーレスクといった軽演劇が浸透し、これらの演劇の要素はすぐに映画へと取りいれられていったのだ。

メリエスの冒険　リュミエール兄弟の映画の初演に続いてアメリカでは翌年、エジソンの映写機を改良したバイオスコープが大型スクリーンに上映され、その後、〝ニッケルオデオン〟の愛称で呼ばれた五セントで入場できる映画館が大衆の人気を集めることになる。一九〇三年にエドウィン・S・ポーターは『大列車強盗』を制作し、ドラマティックな映像の物語を完成させた。ラストにはクローズアップされた強盗が観客へ向けてピストルを発射するという新しい手法を取りいれ、演劇的な形式を乗りこえてゆく映画の力も示している。

エドウィン・S・ポーター『大列車強盗』（1903年）

またメリエスは一九〇二年に『月世界旅行』と題するトリックを中心にする映画を制作する。ロケットガールに送られて月に到着した一行が月の住人と一戦を交えた末に捕らわれの身となるが、やがて窮地を脱して地球に帰還する。そのなかには月の住人が消えるシーンやロケットが海に突入するシーンなど当時としては魔法のような情景が次々と具現化されていた。

映画の創始者であるリュミエールが「現場での自然な姿をとらえる」こと以外は認めようとしなかったとき、奇術師であり小劇場経営者であったメリエスは映画に演出という手法を初めて意識的にもちこみ、最初の映画スタジオの設立者として実景や現実ではない映画の可能性をいちはやく模索しはじめる。〝撮影劇場〟と名づけられたこのスタジオは映画発明の二年後の一八九七年にモンルイユの彼の地所に建てられたもので、広さは十七×七メートル、屋根と三方の側面はガラス張りでその内部では昼の光線で撮影することができ、劇場そっくりの奈落や天井裏のあるステージをもっていた。

メリエスはそこに人物の登場、退場、空間での役者の動きをコントロールする創意に富んださまざまな仕掛けを取りつけ、また背景用に当時の劇場の舞台装置をそのまま使っている。これは奥行きのある眺望をだまし絵の手法で描くものだった。メリエスはこの仕事を優秀な装置画家たちに依頼し、映画用カメラを覗いて見たときに実景と見違えてしまうような精密な背景をセッティングした。そし

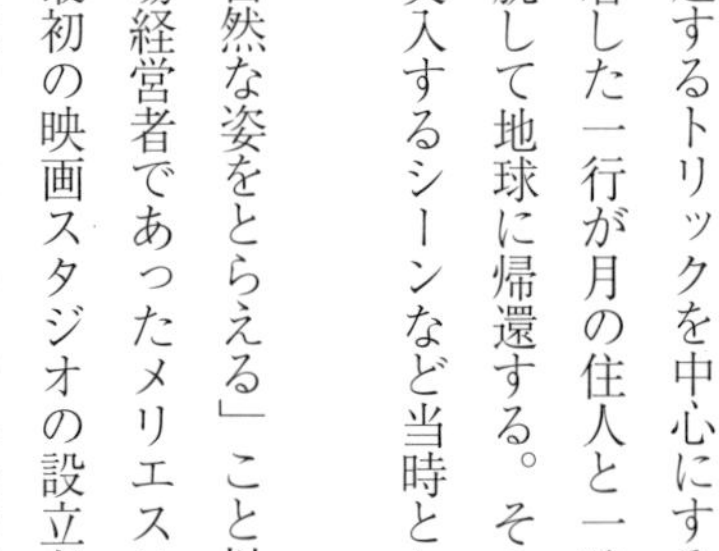

ジョルジュ・メリエス『月世界旅行』（1902年）※3点とも

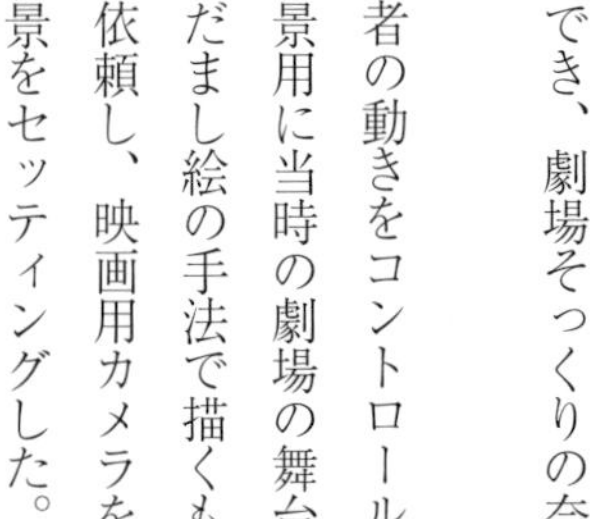

てスタジオの一角に固定カメラが備えつけられ、役者たちは存在しない観客に向かって演ずることになるのである。

メリエスが残した映画やセットの下書きを調べてみると、彼がその出発点から物語や演技というよりもカメラを通した映画自体の視覚造形に最も大きなウエイトを置いていたことがわかる。セットの全体的概観、トリックの装置、人物の動き、家具や衣裳などすべてが細部にわたって調整され、準備されていた。

メリエスの映画においては幻想と夢の感情を生みだすという一点にすべてのエネルギーが集中された。そのために手品の、機械の、花火の、化学のあらゆるトリックが使われただけでなく、メリエスはそれらを組みあわせて映画トリックの創始者となり、ストップモーション、置換え、溶暗、二重焼きといった彼のあみだした映画的手法は現在にいたるまで映画の特殊効果の基本として使用されている。

しかしメリエスの映画的革新がいかに素晴らしいものであったにしろ、それらは映画以前の光学的見世物と結びついていて彼はそれを再生するために映画に取りくんだことを忘れてはならない。空想主義と演劇に魅かれ、映画に入りこんできたメリエスは、見るものを再現するより、見るものを空想するものに変えることに魅せられた。そしてその魔術は二〇世紀の映画の歴史にも多大な影響をおよぼすことになる。

5

知覚と映画

映画と写真　映画という革命的なコミュニケーション・メディアは先行するメディアや芸術形式と相互に影響をおよぼしあいながら段階的に発達していった。初期の映画作家たちは映画のなかに演劇や文学や絵画などをそのまま移しこもうとした。そしてしだいにそれらのどの要素が映画において有効であるのかを見きわめてゆく。つまり映画はある模倣のプロセスのなかで発展していったのである。また映画は文学や演劇や音楽や絵画といった複雑な構造のなかに置かれることでそれら従来の芸術形式の新しい性質をも明らかにしていった。映画は他のメディアや芸術の要素を結びつけながら、同時に他のメディアや芸術にも影響を与え、それらを定義しなおす大きな力となってゆくのである。

そうした映画の運動を示す興味深い展覧会が一九二九年にドイツのシュツットガルトで開かれた「映画と写真」展だった。そのポスターは地面へ向けて大型のスピードグラフィックカメラを構える写真家の姿をあおぎ見るような斬新なアングルでとらえたものだった。当時の映像の新しい方向を象徴的にとらえたこのポスターのヴィジョンに先導された「映画と写真」展は一九二〇年代最後の年に開かれ、その十年における映画と写真の革命的な転換の様相をひとまとめにしようとするものであり、同時に人間が世界や時代を感知したり、認識したりする方法の根本的な変容を提示しようとする企画だった。

知覚のメディアの発見　第一次大戦の敗北によりドイツの経済システムは大きく混乱し、人々は衰弱し、敗戦の負担が日増しに時代を圧迫しようとしていた。しかしドイツでは映画や写真の技術が世界でもっとも進歩していて、さらに出版や印刷業が他に類を見ないほど活発に行われていた。映画、写真、グラフィズム、タイポグラフィなどがそれぞれの独自性に気づいてゆくとともにお互いがさまざまな形で融合する実験が繰りかえされてゆく。そしてやがて前衛的なアーチストたちが映画や写真を芸術と技術を結びつけるもっとも有効なメディアとして、あるいは時代や現実の核心をとらえる最良の方法として活用しはじめる。

思いもよらなかったアングル、新鮮な対象、機能的で敏速なカメラの使用、イメージの変形や歪曲、マクロとミクロ、クローズアップ、スーパーインポーズ、モンタージュ……そうした手法が映像の新しいヴィジョンをつくりだしていった。さまざまなテクニックを駆使し、彼らは見ることの新しい方法、新しい知覚の方法を生みだそうという冒険に乗りだしていった。映像はただ観察し、記録するだけでなく、理解や認識を広げ、深めてくれるメディアであることを確信し、

パリ万博時のシベリア横断鉄道パノラマ（1900年）

視覚的伝統を退け、空間知覚を変容させていったのである。

なかでもモホリ＝ナギは映画や写真ばかりではなく、光のディスプレイ、モビール、スペース・モデュレーター、透明絵画、タイポグラフィといった多方面のジャンルのパイオニアであり、一九二五年には『絵画・写真・映画』を出版し、「映画と写真」展では自作を出品する他、他の作品の選択やタイトルデザインまでも手がけている。「映画と写真」展と同時に出版されたフランツ・ロー編集の『写真眼（フォトアウゲ）』にもナギの写真が掲載されているが、それらのイメージはどれも日常的な被写体をテーマにして見慣れた物の新しい側面や新しい見方を提示する姿勢に貫かれていた。そこでは映像を再構成することは、人間の知覚の再構成であることが証明されていたのだ。

フランツ・ローはその『写真眼』で、人間の眼は独力では新しい視点を獲得できず、そのためには映画や写真といった映像の助けが必要であるといい、映像は単なる視覚メディアではなく感覚を再構成し、統合するものであることを強調している。そのような視点が映像を大きく変えてゆく。ナギは写真術誕生百年にあたる一九二四年に、写真が発明されたのは百年前のことだが、それが本当に発見されたのはつい最近のことであると語ったが、その言葉はまさに映像の新しい段階を指し示している。

「映像と写真」展を見て強い影響を受けたドイツの思想家ヴァルター・ベンヤ

ミンは、一九三六年に『複製技術時代の芸術』という論考を発表する。ベンヤミンはこのなかで映画や写真といった映像により広がってゆく複製環境における新しい芸術の運動を再定義しようと次のように述べている。

「広大な歴史的時間のなかでは人間の集合体のあり方が変化するにつれて、その知覚様式も変わる。人間の知覚が形成される方式（知覚のメディア）は単に自然の制約だけではなく、歴史の制約も受ける」

映像が〝知覚のメディア〟であること、そしてその事実の新しい意味がこの時代に切実に問われようとしていたのである。

第6章

無線・通信・電話

野々村文宏

1　「電信」「電話」以前の通信

森の電報　人間が遠隔地にいる他者とコミュニケートしたいと思う欲望は、地域と時代を超えたものである。西アフリカ地域では、我々がトーキング・ドラムと呼ぶ太鼓のような楽器が、舞踊や宗教儀式の際の楽器としてのみならず遠隔距離通信のための道具として用いられていた。ただし、トーキング・ドラムという名称はあくまで西欧文明が事後的に名づけたものに過ぎず、それらの楽器は地域や種類によりドゥンドゥン、バタ、タマなどさまざまな名称をもつ多種多様な「もの」であり、西欧文明とはまったく異なった豊かな文明の所産だった。さらにいえば、現在我々が格別意識しないで使う楽器の概念もまた西欧文明の枠組みにとらわれているといえよう。相対化して考えれば、演奏、楽器、儀礼、通信といった概念はわれわれが勝手に区分けし名づけているにすぎなくて、もっと違った形の文明や文化があることを忘れるべきではない。

アメリカ西海岸のロック・バンド、グレイトフル・デッドのドラマーであるミッキー・ハートは『ドラム・マジック』というドラミングに関する興味深い本を書いている。ハートは、映画監督フランシス・フォード・コッポラが現場で膨大なメモを壁に貼りつけ進行管理するさまと、『千の顔を持つ英雄』の著書で知られる神話学者ジョゼフ・キャンベルが古今東西の神話を収集分析した方法論に影響を受け、洋の東西を問わずドラミングに関するありとあらゆる文献を収集し自分でファイルしはじめた。映画監督ジョージ・ルーカスもまた、『スター・ウォーズ』の原型となるアイデアをキャンベルの方法論に基いてつくったといわれている。ハートが集めた文献のなかには、彼が幼い頃、祖父から物語として聴かされたアフリカの「森の電報」の報告例が数多くあった。アフリカ大陸に布教に訪れた数多くの宣教師たちが、住民たちがトーキング・ドラムを叩くさまを目の当たりにし、やがてそれが遠隔地との通信手段に使われていることがわかり驚愕したという文献が、数多く残されていたのだ。なかにはトーキング・ドラムのリレーにより、百キロ離れた地点に、船が難破したことを一、二時間後に伝えた報告もあったという。ハートの著書によれば、民族音楽学者J・F・キャリントンが一九三〇年代に行った詳細な研究ではトーキング・ドラムによる音の伝達は日中で八キロ、夜間でも最大十二キロと限界があり、リレーをするにしても、多言語状態にあったアフリカでは中継地点に言語に長けた通訳が必要とされた、など実用上の限界もあったという。それにしてもこれが驚異的な、もうひとつの通信テクノロジーであったことには違いない。

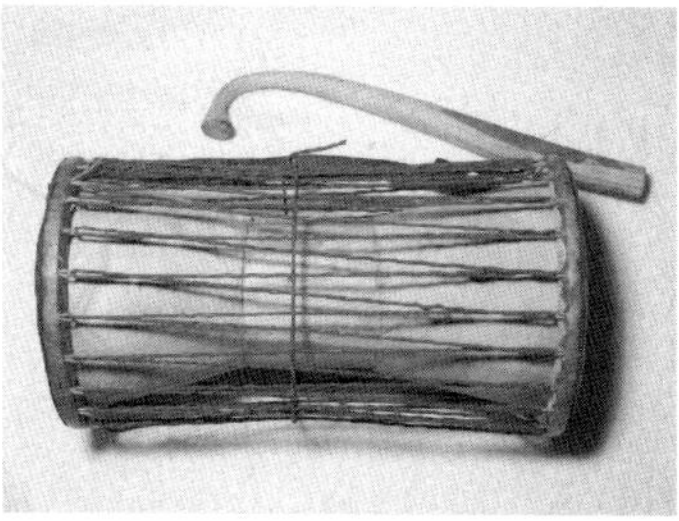

トーキング・ドラム
太鼓の皮を結んだ紐を脇で押さえることにより、声のように音程を変えることができる。（撮影・有馬純寿）

戦争と通信　古来より通信技術の発達は戦争に結びついていた。ホメロスの叙事詩『イリアス』『オデュッセイア』に描かれた紀元前一二〇〇年頃のトロイア戦争で、ギリシャ軍は炎の光をリレーして戦勝を伝達したといわれている。また、洋の東西を問わず、古くから使われたもっともポピュラーな通信手段は、木や草を燃やして煙を上空に上げる「狼煙（のろし）」であり、戦争時の通信手段によく使われた。火、煙、鏡などを使った通信手段は、電気無線技術の発達と普及以前の広義での光通信といえるだろう。

先のトーキング・ドラムの例は音、つまり我々の聴覚に訴えかけるものであったが、電気を使うと使わないにかぎらず、我々の受容器（感覚器官）のチャンネルはある程度かぎられていて、これまでは最終的な表現手段、つまり表象の方法は視覚か聴覚かのどちらかに頼ることが多かったといえるだろう。もっとも現在の工学系インターフェイス研究では、触覚などに訴えかける方法もしきりに研究されていて、知覚の新たな扉が開かれようとしている。

腕木通信とインターネットの類似性　ここで少し発想を変えて考えてみると、通信距離を延ばすためには、送る信号を増幅する方法とは逆に、受信感度を上げる方法がある。十七世紀初頭にガリレオ・ガリレイが望遠鏡を発明してから、視覚に訴えかける通信手段としてフランスで腕木通信という通信手段が普及した。第

2章第4節にも触れられているが、フランス革命の最中の一七九一年、立法議会のメンバーであるクロードとイグナスのシャッペ兄弟が三本の腕木の組みあわせによってメッセージを伝達する通信方式を考案した。見晴しのよい高台に通信所を設置し、通信員が望遠鏡を用いて遠方の通信所から送られる腕木のコードを読み、また同じように三本の腕木を組みかえて次の通信所に伝達していく、という方式である。中野明『腕木通信』によれば、フランス革命の後、ナポレオン・ボナパルトは腕木通信網の敷設を重視し積極的に活用することによって勢力拡大に大いに役立てた。フランスでは約六〇年間のうちに腕木通信網の総敷設距離が約六千キロにおよび、この方式はフランスのみならずヨーロッパ各国、アメリカ、南米など世界中に広まっていった。腕木通信は、コードを識別して腕木を組みかえるという人的操作要素をのぞけば、理論的には光の速度で伝達可能なので、速いのは当然である。しかも、中野が指摘するように、通信所がある一定距離ごとに設置されて、情報がバケツ・リレー方式で送られていくさまは、原理的に現在のインターネットで使われているパケット通信技術と同じだと見なすことができる。そして、腕木通信の原語はTelegraph、つまり現在でいう「電信」だった。実際、次節で述べる電信網は、腕木通信網に沿ってそれを再利用する形で敷設されていったのだ。

腕木通信機

2

「電信」「電話」の登場

「アメリカ電信の父」は画家だった　今日、われわれが「通信」といって想像するものは、一般的には、電力が実用化されるようになって以降の「電気通信」をさすだろう。

　一八二〇年に物理学者のエルステッドが、電線に電流を流すと近くにおいた方位磁石の磁針が揺れる現象を発見して電流の磁気作用を指摘した。一八三三年には、ドイツでガウスとヴェーバーがゲッチンゲン大学と一キロ離れた天文台とのあいだの通信実験に成功した。そのため、ドイツではこのふたりが電信を発明したとされている。またイギリスでも一八三七年にクックとホイートストンが五針式の電信機で特許を取り、ロンドンのユーストン駅からカムデンタウン駅までの一・五キロの通信試験に成功している。

　一方アメリカでは、サミュエル・モース（モールス）が一八三二年、ヨーロッパで美術の勉強をした後、帰国の途についた船上で同船者から電磁石を見せられ、電磁式電信のインスピレーションを得たといわれている。同じ一八三二年に、モールスは単点（ドット「・」）と長点（ダッシュ「―」）の組みあわせによるモールス符号

モールス符号　Judy Alter "Samuel F. B. Morce"（The Childs World / 2003 / P.26）より

を考案したともいわれている。ここで興味深いのは、モースが科学者ではなく画家だったことだ。モースは帰国後、ニューヨーク市立大学で美術の教鞭を取りながら研究室で電信装置を組みたてていた。彼が最初につくった電信機は、なんと画布を張る木枠に組まれたものだったのだ。現代ならば、モースはメディア・アーティストとして扱われたかもしれない、ということだ。

　最初のモールス符号はきわめて原理的なもので符号数も少なかったが、その後、何度も改良が行われ、一八四四年にはモールス式の実用電信機が完成しワシントンとボルチモア間の通信に成功し、また現在のアメリカン・モールス符号にほぼ近い体系となっていった。モースについては、第2章第5節も参考にされたい。しかし、このような複数の並行する歴史を前にして、われわれは、誰が「電信」を発明したのかわからなくなり混乱することにはならないか。

「電話の父」はひとりか？　電話機は、一八七六年、アメリカで音声生理学者のアレキサンダー・グラハム・ベルが電話機を発明したことによってはじまったといわれている。ベルは聴覚障害児の教育に当たっており、彼の母も妻も聴覚障害をもっていた。ベルは話すこと、聴くこと、人々がコミュニケーションの手段を共有しより豊かにすることに情熱をもっていた。しかし同時に、われわれはメディアをめぐる神話化にも注意を払わなければいけない。

サミュエル・モース　Judy Alter "Samuel F. B. Morce"(The Childs World / 2003 / P.22) より

第5章第3節にあるように、映画の誕生は一八九五年にリュミエール兄弟がパリのグランカフェで映画（シネマトグラフ）を上映した日だという定説のほかに、少し先立つかたちでアメリカのエジソンが一八九三年に覗き眼鏡方式のキネトスコープを発明していて、アメリカではこれをもって映画の誕生と解説する向きもある。ここでわれわれが気づかなければならないのは、近代以降の機械の発明は単一の技術革新によって生まれるのではなく、多数の技術の組みあわせと使い方の提案がセットとなって成立していることである。そしてそのため、実際には、同時期に構造が似たさまざまな形態の機械がつくられ、そのなかで多数の支持を得てそれを使うことが慣習化した機械、あるいは資本主義のなかでライバルたちを蹴落として競争に勝った者が、起源としての名を歴史に残していくのである。電話や電信もまたそうであり、ベルが電話を発明したのと同じ時代にはじつにさまざまな形態の電話が発明されていた。たとえば、発明王エジソンはベルとは違った伝送形態の電話を発明し、初期には激しく競いあっていた。ベルとその仲間が設立したベル電話会社は、ベル自身が退社したあと、数多くのライバル会社を吸収合併し、一八八五年にAT&T（アメリカ電話電信会社）となっていく。こうした事実は、われわれがリアルタイムに経験したパーソナル・コンピュータ、OS（基本ソフト）、家庭用ゲーム機などの歴史を思いおこせば、よく理解できるだろう。

ベルの電話（写真提供：通信総合博物館）

文化装置という概念　批評家ヴァルター・ベンヤミンが好んで使った言葉のひとつに、Apparatusという、日本語になりにくい言葉がある。「文化装置」「身体装置」と訳されるが、この言葉は「（ある目的のために必要な）ひと組の機械や道具、書類」を意味し、使う側の人間の身体や社会集団の慣習と不可分な有機的な概念である。近代体操の鉄棒やトランポリンもApparatusであれば、現在の映画館もそうである。同じ映画館というくくりに入っていても、最近、郊外によくあるシネマ・コンプレックスという形態は、それまでの映画館における上映とはずいぶんと違うことに気がつくだろう。革命期ロシアでは、メドヴェトキンによって映画を撮影・上映しながら各地を走る映画列車が真面目に検討されていたこともある。そのような映画列車もまたApparatusであり、電信機や電話機もそのネットワークを含めてApparatusなのである。そこからさらに考えれば、メディア研究の役割のひとつは、過去を丹念に検証し、歴史の陰に隠れている事実を現在の明るみに出すことにあるといえるし、また同様にメディア・アートの役割のひとつも、忘れさられたものの可能性を提示することにあるといえる。なぜなら、それらはひとつの社会批評や、未来に向けての対案の提示となりうるからである。

シネマ・コンプレックスの映写室。複数の映写機が配置されている。（写真提供：株式会社ワーナー・マイカル）

3

人間機械論／機械人間論

生気論と機械論の対立は越えられるか　音声生理学が専門で、最初は電磁気に関する知識をほとんどもっていなかったグラハム・ベルが、「電話」を考えつくことができたのはなぜだろうか？　ベルの発明にいたる重要な基盤として、物理学と生理学の両域にまたがって研究をしたドイツのヘルマン・フォン・ヘルムホルツの業績があげられる。ベルは、ヘルムホルツの共鳴器の実験を見てその応用可能性に気付き、初歩から電磁気学を学びはじめた。ヘルムホルツの最大の業績は一八四七年に、閉鎖系のなかでは全エネルギーの量は不変であり熱エネルギー、運動エネルギー、電気エネルギー、光エネルギー、化学エネルギーのどれにも変換できるという「エネルギー保存の法則」を打ちたてたことである。彼の夢は物理学と生理学を融合させることであり、筋肉運動とそれによって消費される熱量との関係を研究したことが、後に「エネルギー保存の法則」を考えつくきっかけとなった。ヘルムホルツは音響生理学の分野でも多大な業績を残した。たとえば、ヘルムホルツ共鳴は今日もっともポピュラーなバスレフ型スピーカーの原理となっている。ベルと同時代の多くの人々がヘルムホルツの研究から、人が音声

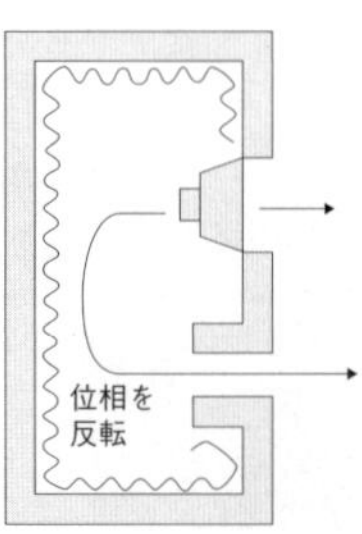

バスレフ型スピーカー　低音のみ位相を反転させてポートから出すことで、低音を増強することができる。

として聴きとる空気の運動エネルギーが電気エネルギーに変換できること、つまり「声が電気になること」に気づいた。このことは視覚と聴覚の違いこそあれ、一八八〇年代にフランスで彼よりほぼ一〇才若い運動生理学者エチエンヌ・ジュール・マレーが、規則正しく動く人間の脈＝心臓の鼓動と連続写真を結びつけて「クロノフォトグラフィ」を考案したことに似ている。ヘルムホルツの思考には、最終的には無理な筋運びとはいえ、ほんらい相反するはずの生気論と機械論を弁証法的に結びつけていこうとする姿勢が読みとれる。

サイバネティクスとメディア・アート　この源流は、第二次世界大戦中にアメリカに数多くのヨーロッパの優秀な科学者たちが亡命し、戦後アメリカで開催された学際研究的なメーシー会議を転回点として、ノーバート・ウィーナーの「サイバネティクス」という学問を生みだすことになる。サイバネティクスは、今日のサイボーグの語源である。ところで、エネルギー変換といえば、一九二〇年代にもっとも先進的な美術学校だったバウハウスのモホリ＝ナギ『光＝空間調節器』（一九三〇年）から今日にいたるまで、メディア・アートが表現上の手続きに使うもっとも基底にある技法だということに気付くだろう。しかし、それはどこかで、我々がメディアアートを体験したときに感じる驚きの多くが、作品の機能－函数ともいうべきエネルギー変換の抽象的図式を理解すると同時にスポイルされてし

モホリ＝ナギ『光＝空間調節器』

まうという、このジャンル特有の難問を抱えさせることにもつながっていないだろうか。むしろ、機械論と生気論の弁証法的合一を目指す視点からは、たったひとつの身体やかけがえのない私に向かって、顔面を整形し続けるオルランや神経系と電気系を無理矢理結合させるステラークらいわば改造人間系アーティストが、そのヒューモアにおいて再評価されてもよいだろう。ただし、もうひとつ枠を広げて考えれば、この問題はわれわれの社会、科学の発達によって利便性を獲得したエネルギー変換型の社会全体が抱えている難問の変奏にすぎないのかもしれない。

無線の誕生と変わる人間像　ヨーロッパとアメリカでは一八四〇年代に入って電信の普及が急速に進んだが、人間にはさらにもうひとつの欲望が生まれる。一八六四年、空気中にあるといわれていた見えない波動、当時、M・ファラデーらがさまざまな物理現象などから実在すると考えていた「エーテル波」——ちなみにこのエーテル（Ether）は今日のイーサネット（ETHERNET）の語源となっている——の存在を、J・C・マクスウェルが『電磁波の理論』のなかで理論的に説明した。そして、その存在を一八八八年、H・R・ヘルツが実験により証明した。電波という見えない波動の存在を証明したのである。この発見を知ったイタリアのグリエルモ・マルコーニは、電波に符号を乗せることに成功すれば新しい通信手段になるのではないか、とひらめいた。マルコーニは物理学の専門家ではなく、裕福な家の生まれで、今でいえば起業家であった。そして、ベル同様、同時代の多くの研究者との技術競争に打ち勝っていった。第1章第3節にもあるように、マルコーニは一八九七年にドーバー海峡間横断、一九〇一年に大西洋横断の無線実験に成功している。

無線通信もまた、イタリア未来派の想像力を強く刺激した。二〇世紀アヴァンギャルド芸術の潮流のひとつであるイタリア未来派の詩人フィリッポ・トマーゾ・マリネッティは一九〇九年の『未来派宣言』に続いて、一九一三年『文法の破壊、無線の想像力と自由な状態の言葉』宣言で、交通の高速化と数々の電化されたメディア・テクノロジーによって、言語の線的な性質が破壊されるだろうと予言し、それを否定することなく逆に賛美した。そして、統語の成立しない、言語の線形性を破壊された想像力を「無線的想像力」と呼んだ。と同時にそうした賛美は、ギリシャ的人間像の破壊と機械的人間像の創成につながっていった。この傾向は、デジタル技術の台頭と普及によって、二一世紀の現在も加速しつつ続いているといえる。携帯電話のメールの普及の先にあるものは、高校生の絵文字（ギャル文字）に代表されるような文字コードとグラフィックの区別のない、文法の破壊＝人文科学の死なのだろうか？

ギャル文字

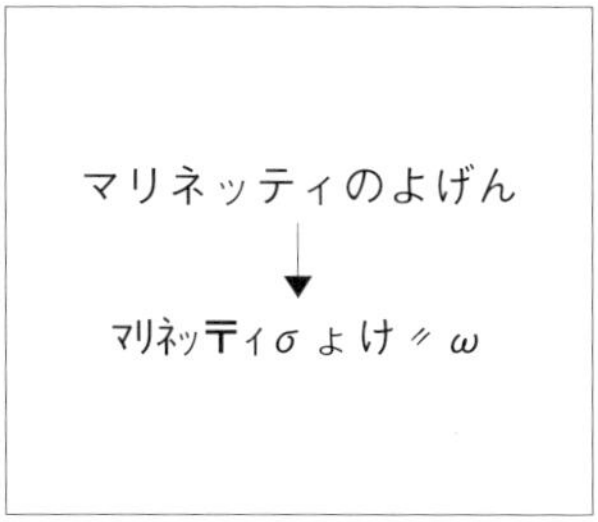

4

地球を覆いはじめた通信網

海上交通と通信　一九一二年のタイタニック号沈没に際して、それ以前の一九〇六年にベルリンで開かれた第一回国際無線電信会議でモールス符号の国際標準化の最初の試みが行われ、慣習上、〝C・Q・D・（Come Quick, Danger）〟が使われることが多かった国際遭難信号を、〝S・O・S・（Save Our Soul）〟に統一することが決定されていた。しかし、同号は最初、〝C・Q・D・〟で打電し途中から〝S・O・S・〟に打電するよう変わったという。不測の事態に際して、船内がいかに混乱していたか想像できよう。第2章5節にあるように、タイタニックからの打電を受けた技師は後にRCAの総支配人となるデヴィッド・サーノフであり、このとき夜の北極海上では未来のラジオへの可能性が誕生したといえる。

マルコーニの無線実験やタイタニック号の沈没事故などから気がつくことは、初期の無線の重要な需要が海上交通だったことである。じっさい、十九世紀にチャールズ・バベッジが今日のコンピュータの先駆けといえる解析機関の製作にとりかかったときも、イギリス政府から資金援助を受けるための開発目的にあげていた用途は、海上での正確な測量にもとづく船のナビゲーションであった。当時は星座の運行と海図を組みあわせて自船の位置を手作業で計算していたのである。しかも、計算は複雑を極め、誤計算も多かった。それに対して現在、われわれは、地球の周軌道を回る二四個の人工衛星からの情報を受けて自分の位置を割りだすGPS（Global Positioning System）の恩恵を受けている。

　地上の電話網がある程度整備されると、次に出てくるのは海を渡ったコミュニケーションへの欲望だった。この時代、それは海底に伝送電線を敷設することにほかならなかった。しかし、海水の腐食や水圧に耐える強靭なケーブルのための絶縁体を開発するためには多大な費用と時間がかかる。最初の海底ケーブル通信は一八五〇年にブレット兄弟によりドーバー海峡で成功したが、たった一日で、船の錨にからまったケーブルを新種の海藻と勘違いしたフランスの漁師が切断してしまったという。その後も、一八六〇年代まで、海底ケーブルの敷設は成功より失敗の数のほうが多かった。マルコーニが無線通信の開発に費用を投じたのは、無線通信のほうが費用対効果が高いと考えたからであり、彼はそれを自らの事業の成功によって証明してみせたのである。

「テンペスト」と表象の魔法の杖　ここで、文豪シェイクスピアの戯曲『テンペスト』（一六一一年）を思いだしてみよう。この戯曲はデレク・ジャーマン監督『テ

GPS受信機（写真提供・パイオニア株式会社）

ンペスト』（一九七九年）や、より自由な解釈のピーター・グリーナウェイ監督『プロスペローの本』（一九九一年）として映画化されている。孤島に流されたミラノ大公プロスペローが怨念を込めて魔法で起こした嵐のなかで、彼を奸計に陥れた実弟たちの船が難破して島に辿りつくという筋書きは、GPSなどハイテク・メディアによるナビゲーションによって現代では成立しにくい状況になっている。ところが、物理上の位置特定はできるものの、第8章・第9章にもあるように、われわれはメディアを通じた幾多の表象に囲まれ自分たちがどこにいるのか迷い錯覚することも多いのではないかと、考えられる。現在では、パソコンや周辺機器から発する微弱な電磁波から情報を盗む（盗聴する）技術を、プロスペローの魔法にならって「テンペスト」という。

電話網の発展とカフカ　電話機が本格的に普及したのは、電話の交換サービスが生まれてからである。一八七七年コネチカット州ニューヘヴンに最初の電話局が誕生すると、電話網はまたたく間に世界中に普及していった。最初、電話の相手先への接続は交換手による手動操作で行われていた。電話の普及は、電話交換手という新たな職種を誕生させ、それは織物機の職工や看護婦と同じく女性の職業となった。それが自動交換に変わるのは一八八九年に最初の自動交換機が発明されてからである。それでも初期の電話交換機は回転するドラムに接点がついている方式で、当然、磨耗も激しかった。対して、格子状の電磁石がスイッチングするクロスバスイッチがさかんに研究開発されたが、実用化に成功するのは一九一九年まで待たなければならなかった。しかし、クロスバスイッチも電磁石を接点として使っているため、交換機の設置は場所を取った。この制御がプログラム化され、さらにデジタル化されたのはごく最近のことである。

電話の交換技術が高度集積化されるにつれ、電話の加入は等比級的に増え、電話は地域や職場から家庭へ、そして個人へと広がっていた。情報による「隔離」(Isolation)や「繭」(Cocoon)化がはじまる構造が、ここに整ったのである。ここでメディア評論家の粉川哲夫が自身の長年にわたるカフカのテクスト研究とメディア論を集成した『カフカと情報化社会』を参考書にあげておこう。チェコ・プラハのユダヤ人家庭に育ったフランツ・カフカが、言語の違いや人種文化の違いによって、さらにはレコード、電話、映画など当時のニュー・メディアによって起こったディスコミュニケーション状態を描くことで、逆説として「開かれたテクスト」を書いていたさまが、断片的に、しかし詳細に記されているからだ。小説『変身』の主人公ザムザが芋虫になるのは当時のニュー・メディアに対して個人の身体所作が追いつかないさまを暗喩しているなど、同書はテクノロジーと人間の意識の関係を示唆している。

日本最初の電話交換室(写真提供:通信総合博物館)

5　通信衛星網と距離の消失

全米防空網を無効化したスプートニク　ところで、人工衛星はなぜつくられたのだろうか？　第二次世界大戦が終わった一九四五年、世界は米ソ冷戦時代に突入した。世界にとって最大の恐怖は、原爆に代表される核兵器とそれが巻きおこす最終戦争だった。とくに一九四九年にソ連が原爆実験に成功すると、アメリカ政府は暗号名「つむじ風（Whirl-wind）」計画を急ピッチで進めた。これは、米国本土に飛来する飛行物をチェックできる防空システムの中心の最新鋭コンピュータにつけられた名前だった。この過程でマン・マシン・インターフェイス研究の成果として第9章で述べるCGが発達する。「つむじ風」は一九五一年に完全に完成し、一九五四年にレーダー網とコンピュータと人間を組みあわせたSAGE（半自動防空システム）と呼ばれる巨大本土防空システムに発展する。さて、これでやっと核爆弾を抱えた爆撃機が本土に飛来する前に迎撃できる、と安心した矢先の一九五七年十月四日、ソ連が世界初の人工衛星スプートニク1号の打ち上げに成功する。直径わずか五八センチとバスケット・ボールにも満たない1号が真に意味したものは、大気圏外で迎撃機の届かない地球軌道上から核兵器を発射でき

人工衛星スプートニク1号（写真提供：AP／WWP）

る可能性だった。アメリカはあわてて宇宙開発に心血を注いだ。この流れは一九八三年に米レーガン政権が打ちだした人工衛星による戦略ミサイル早期迎撃網の提案、「スター・ウォーズ計画」につながっていく。冷戦期における核戦争の恐怖と狂気については、スタンリー・キューブリック監督『博士の異常な愛情』(一九六四年)、シドニー・ルメット監督『未知への飛行』(一九六四年)などの映画を参考にして欲しい。また、一九六一年にはソ連のガガーリン飛行士がボストーク1号に乗って地球の軌道上を一時間五〇分弱で一周し、「地球は青かった」の名台詞を残した。

衛星通信と地球外からの視線

スプートニクの打ち上げ成功に先立つ一九四五年、SF作家のアーサー・C・クラークは、赤道上約三万六〇〇〇キロの軌道に人工衛星を等間隔に三個並べて電波中継基地に使うと全地球を覆う通信システムができると、無線専門誌への寄稿のなかで指摘した。『二〇〇一年宇宙の旅』を書いた作家の、卓越した先見性を示すエピソードである。一九六〇年には、直径三〇メートルで、表面に電波を反射するアルミを蒸着させた風船形の受動中継衛星エコー1号が打ち上げられた。通信衛星の登場はテレビの発達と密接に結びついている。

また、米国防省は、一九七〇年代後半からセシウムおよびルビジウムの発振を

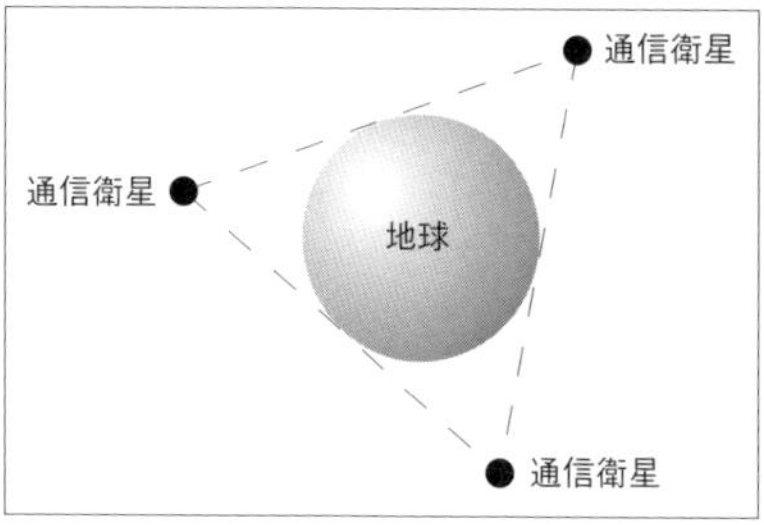

三個の人工衛星で全地球をカバーできる。

利用した原子時計を搭載した合計二四個の人工衛星を打ちあげ、GPS（全地球測位システム）を確立した。この情報は現在、無償で公開されていて、カーナビなどに利用されているが、一部の高度な機能は一般には公開されていない。

携帯の時代へ　自動車社会であるアメリカでは、自動車電話の歴史は古い。最初の自動車電話は一九四六年ミズーリ州セントルイスに始まり、一九七〇年代にはひとつの社会的ステイタスとなっていた。日本では一九七九年に一般向け自動車電話サービスが開始され、一九八五年にはその延長で、持ちはこべる、といってもバッテリーが肩がけ式で現在から見れば巨大に見える「ショルダーホン」が登場し、遠隔地や山間など電話網のない場所で業務用に使われた。ついに携帯電話時代の幕が開いたのである。この大きな流れのなかで、ポケットベル、PHSなども生まれ、とくに一九九七年からのショートメールサービス、それを発展させた形での一九九九年のi－Modeの誕生は、電話機を声を伝える機械から文字情報や画像情報を送りあう別のメディアに加速度的に変えていった。

この頃アメリカで考えられていたのは、通信衛星を多数打ち上げて世界中で使える携帯電話網を作ろうという発想である。一九九〇年にモトローラ社が中心となってイリジウム社が設立され、六六個の人工衛星が打ち上げられ、一九九七年にサービスが開始されたが、電話機が大きすぎるなどの理由から思ったより契約

ショルダーホン（写真提供：通信総合博物館）

台数が伸びなかった。そのうちにインターネットの爆発的普及が起こり、一九九九年にはイリジウム社の破産手続きがはじまり、イリジウム衛星を順次大気圏に突入させる焼却処理が検討されていた。が、米国防省などの特殊なユーザーの契約更新もあり、新会社を作って事業を縮小しながらなんとか持ちながらえている。イリジウム社の例は、ハイテクの分野で当初、絶賛されたビジネスモデルがうまく機能しなかった失敗例として記憶されるだろう。

人工衛星時代のメディア・アートといえば、インゴ・ギュンターの名前があげられるだろう。彼の『ワールドプロセッサ』シリーズは、一九八八年からはじめられたプロジェクトで、白地図ならぬ白く発光する複数の地球儀のうえに、政治・経済・環境問題など、地球社会全体がまだ解決していない難問を提示していくのである。携帯電話やインターネットの世界だけでは解決できない「リアル」な問題はあまりに多い。

ガガーリンの有名な台詞を引くまでもなく、人工衛星の登場は、今まで人類が見たことのない光景、つまり自分たちが生息している惑星をその外側の視線で眺めるというパノラマ的な超越論的経験を、写真、フィルム、ヴィデオなど記録メディアの介在するかたちで間接的ながら提供したのである。

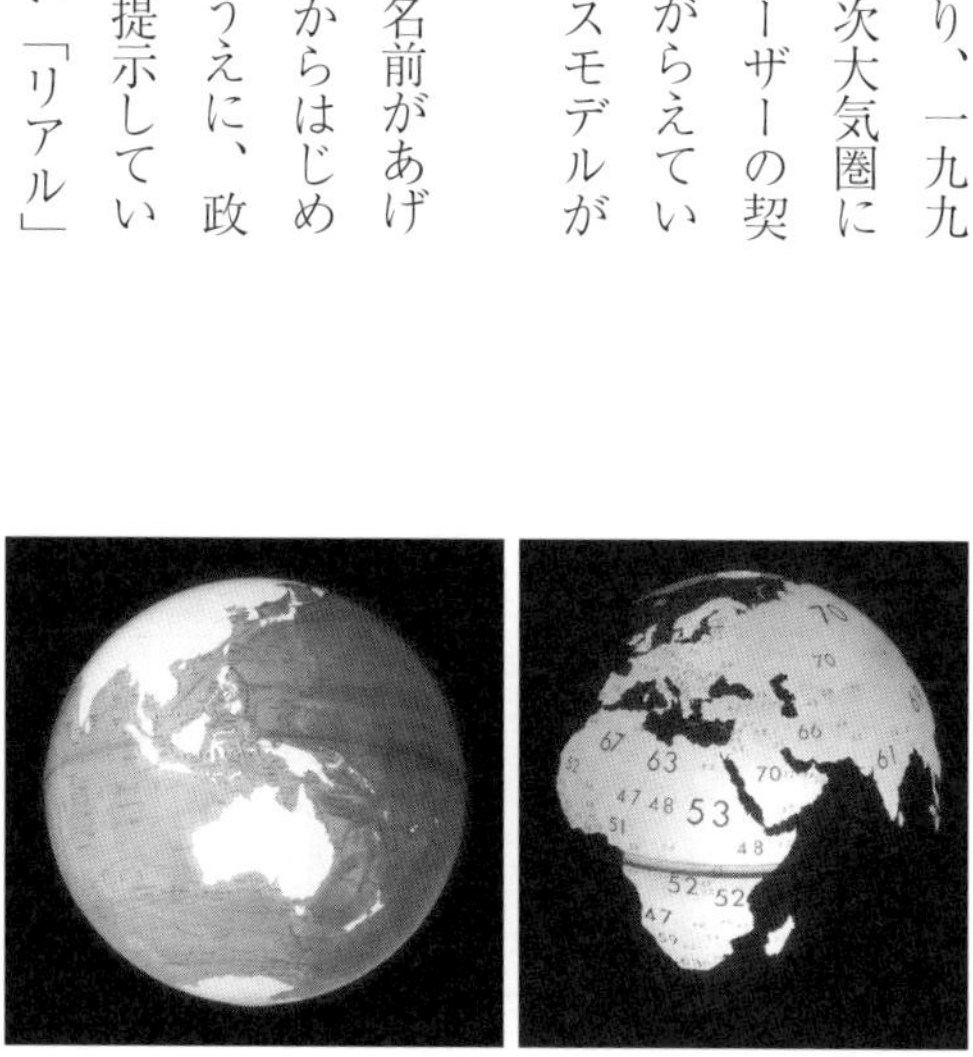

インゴ・ギュンター『ワールドプロセッサー』（1988～2005年）より、「各国民の平均寿命」（右）、「海流」（左）というように、現在も進行中のこのプロジェクトは、地球上のさまざまなデータをもとに制作された地球儀型の作品群で、これまでに300を越える種類のものがつくられている。（資料提供：Ingo Günther）

参考文献（第6章）
ミッキー・ハート著『ドラム・マジック――リズム宇宙への旅』（佐々木薫訳／工作舎／１９９４年）
ジョゼフ・キャンベル著『千の顔を持つ英雄』〈上〉〈下〉（平田武靖ほか訳／人文書院／２００４年）
ホメロス著『イリアス』〈上〉〈下〉（松平千秋訳／岩波文庫／１９９２年）
Alter, July『Samuel F. B. Morse: Inventor and Code Creator (Spirit of America-Our People)』(Child's World , 2003)
中野明著『腕木通信――ナポレオンが見たインターネットの夜明け』（朝日選書／２００３年）
キャロリン・マーヴィン著『古いメディアが新しかった時――十九世紀末と電気テクノロジー』（吉見俊哉・水越伸・伊藤昌亮訳／新曜社／２００３年）
吉見俊哉、若林幹夫、水越伸著『メディアとしての電話』（弘文堂／１９９２年）
ロバート・V・ブルース著『孤独の克服――グラハム・ベルの生涯』（唐津一訳／ＮＴＴ出版／１９９１年）
城水元次郎著『電気通信物語――通信ネットワークを支えてきたもの』（オーム社／２００４年）
ヴァルター・ベンヤミン著『パサージュ論』第1巻～第5巻（今村仁司、三島憲一ほか訳／岩波現代文庫／２００３年）
ヘルムホルツ著『一科学者の回想』（常木実訳／郁文堂／１９６１年）
松浦寿輝著『表象と倒錯―エティエンヌ=ジュール・マレー』（筑摩書房／２００１年）
加藤正昭著『電磁気学　基礎物理学』（東京大学出版会／１９８７年）
ノーバート・ウィーナー著『サイバネティックスはいかにして生まれたか』（鎮目恭夫訳／みすず書房／１９５６年）
スティーブ・J・ハイアムズ著『サイバネティクス学者たち――アメリカ戦後科学の出発』（忠平美幸訳／朝日新聞社／２００１年）
利光功著『バウハウス――歴史と理念』（美術出版社／１９８８年）
モホリ=ナギ著『絵画・写真・映画』（中央公論美術出版／１９９３年）
塚原史著『アヴァンギャルドの時代――１９１０-３０年代』（未来社／１９９７年）
田之倉稔著『イタリアのアヴァンギャルド――未来派からピランデルロへ』（白水社／２００１年）
無線百話出版委員会著『無線百話――マルコーニから携帯電話まで』（クリエイト・クルーズ／１９９７年）
吉見俊哉著『声の資本主義　電話・ラジオ・蓄音機の社会史』（講談社選書メチエ／１９９５年）
星野力著『誰がどうやってコンピュータを創ったのか?』（共立出版／１９９５年）
ウィリアム・シェイクスピア著『テンペスト』（松岡和子訳／ちくま文庫／２０００年）
粉川哲夫著『カフカと情報化社会』（未来社／１９９０年）

第7章

音響情報とメディア

有馬純寿

1　楽譜と楽器

口承伝承から楽譜へ　いまや我々が耳にする音響情報の多くは、なんらかの形で電気信号化されスピーカーを通じて再生されたもの、すなわち電子メディアを通じた音響であるといっても過言ではないだろう。では録音、放送など現在の音響メディア登場以前ではどのように音の情報を伝えあっていたのだろうか。

第1章にもあるように、人類は声の文化（口承伝承）を経て文字の文化へと移行したのだが、音において文字にあたるものが楽譜である。現存する最古の楽譜は紀元前八〇〇年頃の古代バビロニアの楔形の文字で記された粘土板であるが、表音をあらわすものか音楽的モチーフをあらわすものなのかはわかってはいない。古代ギリシャ時代には文字により奏法を示すタブラチュア譜が使われていたが、いずれも現在我々が目にする西洋音楽の楽譜＝五線譜とはかなり異なるものであった。

現在の五線譜の前身となっていくのが、九世紀頃からグレゴリオ聖歌で用いられている「ネウマ」★1という楽譜である。当初は音の動きをあらわす点や線を歌詞とともに記す備忘録のようなものであったが、十一世紀ころには音の高さをより正確に記述するため譜線を用い、音符の形状で音のおおよその長さや装飾をあら

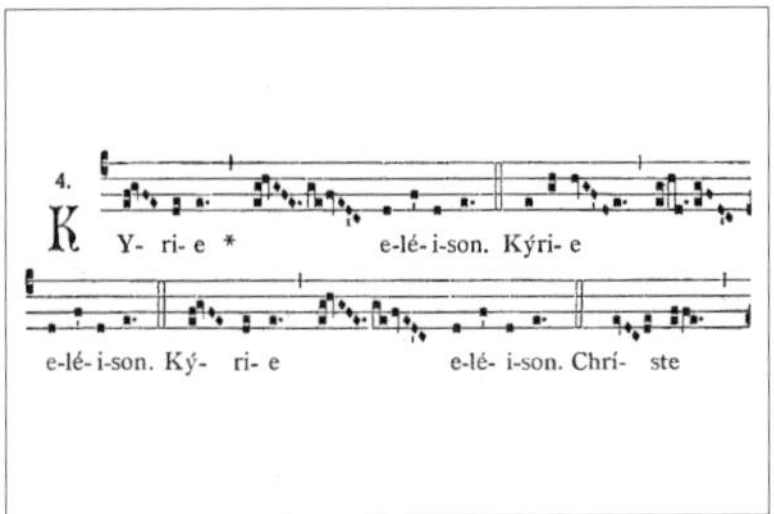

ネウマ譜の例

★1　ネウマという言葉は古代ギリシャ語の「合図」や「身振り」を意味する言葉が語源となっている。

わすものへと変化していった。ネウマ譜はやがてリズム法を明記するルネサンス期の定量記譜を経て、十五～六世紀にはより正確に音高を表記するだけでなく、音の長さ、リズム、テンポさらには表情のつけ方まで厳密に表記する現在のような五線譜へと近づいていった。

日本音楽に限らずさまざま民族には独自の記譜法があり現在でも用いられているが、他の音楽文化とは異なり西洋音楽の楽譜がこのように精度の高いものへと発達していったのは、キリスト教の布教と関係がある。ヨーロッパ全土へと布教を進めていくために、聖書の言葉を伝えるグレゴリオ聖歌が、各地で同じ旋律で歌われることが求められたからだ。

西洋音楽の歴史のなかで、古くは職能として分かれていなかった作曲と演奏というふたつの音楽の実践が、次第に作曲家と演奏家へと役割が分かれていったことは知られているが、楽譜もそれに伴いより正確に音の状態を示すものへと変化していくことになる。精密に音を記すことのできる、つまりは情報をより正確に伝達することが可能な五線譜による音楽の記述は世界的に普及し、西洋だけでなく多くの国で用いられるようになった。

その五線譜もポピュラー音楽では、バロック音楽で用いられた通奏低音★2の現代版ともいうべき、メロディとともに鳴らす和音の構成音をアルファベットで記すコードネーム譜が広く用いられているほか、現代音楽ではより複雑な記譜法の

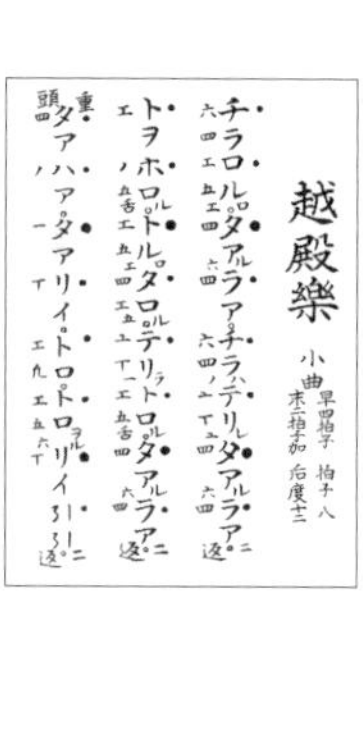

雅楽で用いられる楽譜（「平調越殿楽」の篳篥（ひちりき）の演奏譜）（天理教香川大教会香川雅正会編集十三版／２００４年）より

★2　低音楽器と鍵盤楽器で演奏する記号で表記された伴奏パート。

数々が考案されるなど、いまもゆるやかな変遷を続けている。また、同じ楽譜をもとにしても演奏家によって再現される音楽が少しずつ異なるほか、一九世紀の音楽ほど厳密に記譜をしないバロック期の音楽などでは、さまざまな時代ごとに装飾音や指使いを後の時代の校訂者が解釈し、いくつもの異なる出版譜が存在するという状況があるなど、他の芸術にはない側面を持っている。

メディアとしての楽器と自動楽器　第6章にもあるアフリカのトーキング・ドラムや狩を行う際の通信に用いられた角笛からもわかるとおり、楽器も情報を伝えるメディアのひとつとみなすことができる。

教会が文化を支配していた中世ヨーロッパでは神の言葉を伝える聖歌以外の音楽、とくに楽器が奏でる音楽＝器楽は悪魔的なものとして教会音楽からは排斥されていた。さまざまな文化が宗教の規律から徐々に自由になっていったルネサンス期のころから器楽は復興し、バロック時代には多様な様式が生まれ爆発的に発展していった。それとともに楽器にも音色、音域、音量の拡張や、より安定した発音のための改良が施されていく。

「楽器」は人が音楽を奏でる道具、と考えがちだが、自動的に音楽を奏でる楽器、いわゆる自動楽器の歴史も古くから脈々と続いている。強い風が弦楽器の弦の間を通過する際に音を発生させることは古代より知られており、一七世紀半ばころから、この仕組みを利用したエオリアン・ハープという装置が普及し、一八世紀後半には公園や城などの建物の上部に数多く設置されたという。こうした自然現象を利用した楽器だけではなく、パイプ・オルガンと時計を組みあわせた装置が古くからつくられていたほか、オルゴールのように機械仕掛けによって音楽を奏でる装置も一八世紀後半には盛んに制作されていた。

メトロノームの発明者として知られ一八世紀末から一九世紀初頭に活躍したウィーンの宮廷機械技師ヨハン・ネポムク・メルツェルは、そうした自動楽器を数多く開発している。一八〇〇年にメルツェルは、オルゴールのようにピンを打ったシリンダーでトランペットやフルートなどの管楽器に加え、太鼓やシンバルなどの打楽器も演奏させる大掛かりな「自動オーケストラ」と題した装置を発表し、ベートーヴェンはこの装置の改良版「パンハルモニコン」のために作曲するなど、こうした装置は音楽家にも大きな影響を与えた。これらの自動演奏装置は後に「オーケストリオン」と呼ばれるようになり、一九世紀後半には同時期に登場した自動ピアノとともに大流行し、ジュークボックスのようにコインで音楽を奏でる公共の場の娯楽装置として、蓄音機が登場するまで「ニッケル・イン・ザ・スロット」という名で人々に親しまれた。こうした装置は次節で述べる蓄音機に構造面の大きなヒントとなるほか、音楽の流通のしかたなど後の音楽メディアのあり方にも大きな影響を与えることになる。

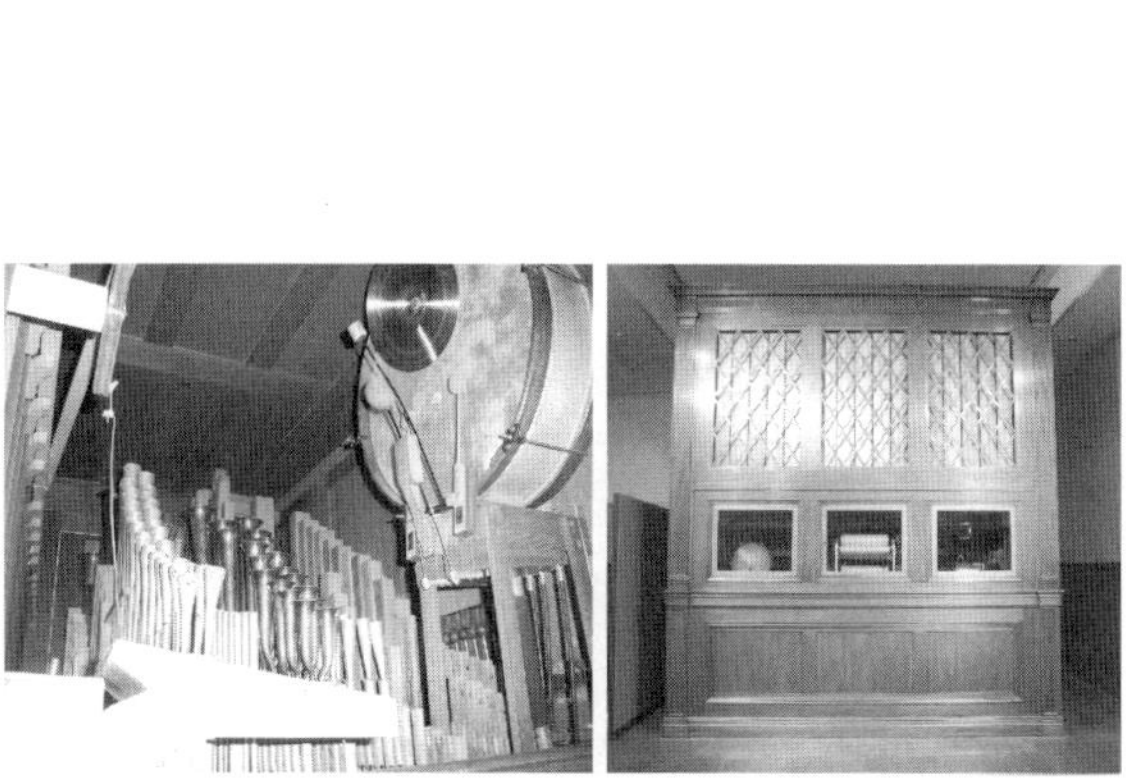

ドイツ・ウェルテ社製のオーケストリオン「パッカード・ウェルテ」（1910年製、パルテノン多摩収蔵品）（撮影：有馬純寿）

2

音声記録メディアの登場

エジソンのフォノグラム　音を記録し再生する装置を最初に開発したのはトーマス・エジソンであることは広く知られている。エジソンはこの技術をフォノグラムと名づけ、一八七七年一二月二二日の「サイエンティフィック・アメリカン」誌で発表した。このフォノグラムの構造は、音声の吹きこみ口の先に針のついた振動版をつけ、その針の振動で円筒状のシリンダーに被せたスズ箔に刻みを入れることで空気の振動である音を記録し、それを同じく金属の先端をもつ別の振動版でなぞることで音を再生するというものであった。一七世紀のボイルの実験によって音は空気振動であると証明され以降、空気の振動をなんらかの形で視覚化しようとする試みは数多く行われ、十九世紀半ばにはトマス・ヤングやレオン・スコットらが音を物理的に記録し「音を見る」装置を発明した。エジソンもこれらの技術をもとにフォノグラムの発明にいたった訳だが、そうしたさまざまな先駆例との最大の差は、フォノグラムが音の単なる記録装置ではなく、再生が可能な装置だということ点である。

エジソンは当初、この発明の活用法をレコードやＣＤのような音楽の記録のた

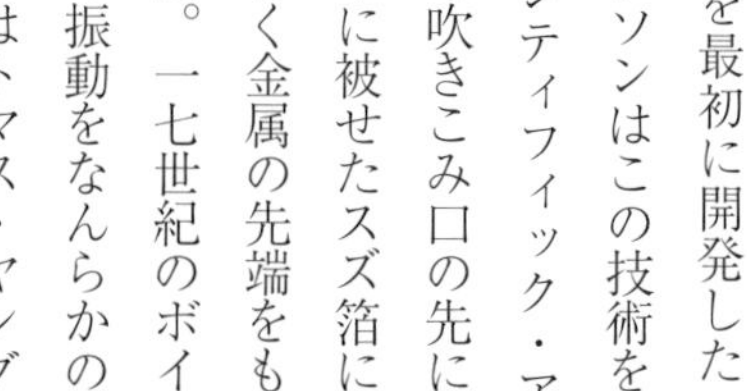

エジソンとフォノグラム（山川正光著『図説エジソン大百科』（オーム社／１９９７年）より）

めのメディアとしてはあまり考えてはおらず、使用例として下記の十項目を挙げていた。ここで注目したいのは、エジソンはフォノグラムを娯楽用途ではなくビジネスの支援ツールとして考えており、しかも現在のレコードのように音声の大量複製ではなく保存に力点を置いていた点だ。これはエジソン自身が音楽にはあまり関心がなかったことと、フォノグラムが録音時間も一分足らずと短いうえ音質も良くなく、再生する際に溝が摩滅するため繰りかえしの再生にも弱く、さらにはシリンダー式という構造上、音を記録した筒の交換が容易ではなく複製も難しいなどフォノグラム自体の数々の問題があったことが大きな要因ではあるが、新技術をいちはやく産業に応用しビジネスとして成りたたせていた当時の発明家を取りまく時代背景も大きい。いずれにせよエジソンは音声の記録を、書籍に近いものと考えていたことは興味深い。現在でもレコード針の名称として用いられている「スタイラス」という語は古代の象形文字やヒエログリフを刻みこむ尖筆を語源とすることは、このエジソンの視点と無縁ではないであろう。

しかしエジソンはフォノグラムの実演の際に、しばしばエジソン自身による「メリーさんの羊」の歌声を用いていた。童謡の選択は一曲が短く、歌詞に子音が少なくフォノグラムの音質上の欠点を隠すためであったと言われているが、フォノグラムの発表直後、多くの声楽家がエジソンの研究所に殺到したなど、この歌声の再生には多くの音楽に関心をよせる人々に衝撃を与えた。だがエジソン自

★3　エジソンが考えたフォノグラムの使用例
1：手紙や速記の代用、2：盲人のための音声による本、3：会話のための教材、4：音楽の鑑賞、5：遺言や家族の会話などの記録、6：オルゴールや玩具としての利用、7：昼食や退社時間など会社や工場でのアナウンス、8：人や政治家の言葉の複製と保存、9：教育用、10：会話の記録など電話の補助装置（筆者要約）

身はその後のこのメディアの重要な位置を占める娯楽用途を軽視していたため、ビジネス的には不成功に終わり、彼の関心は白熱電球の開発へと移っていく。

蝋管式蓄音機からレコードへ

蓄音機はその後、電話発明者のベルの従弟であるベル研究所のチェスター・ベルらにより、スズ箔より耐久性のある蝋管の使用など、さまざまな改良を施したグラフォフォンの考案など進化をとげていく。また使用目的も音声の保存から音楽や朗読の鑑賞など記録物の繰りかえしの再生へと次第に移っていく。そして娯楽用途を重要視していなかったエジソンも、一八八八年にはベルとともにコロムビア・レコードの前身となるノース・アメリカン・フォノグラム・カンパニーを設立し商業録音に着手することになる。

その後のこのメディアにとって最大の変化は、シリンダー型から現在のレコードのような円盤形となったことであろう。エミール・ベルリナーによって一八八七年にグラモフォンの名で発表された円盤型蓄音機は、音盤の交換が容易であるほか、エジソンが固執した音声の保存目的ではなく、当初から家庭などでの音楽の再生を主な用途として考えられていたので、一般向けとして市販されたものは録音機能をもたない安価なものであった。ちなみにベルリナーは円盤型を考案する際に円盤タイプのオルゴールからヒントを得たという。この円盤方式のもうひとつの重要な点は、録音した音盤にメッキをほどこして金属の原版をまず作成

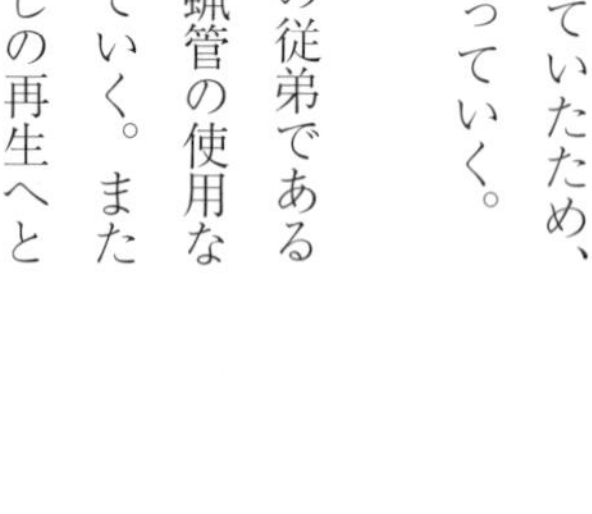

現在のCDでも使用されているベルリナー式蓄音機のトレードマーク

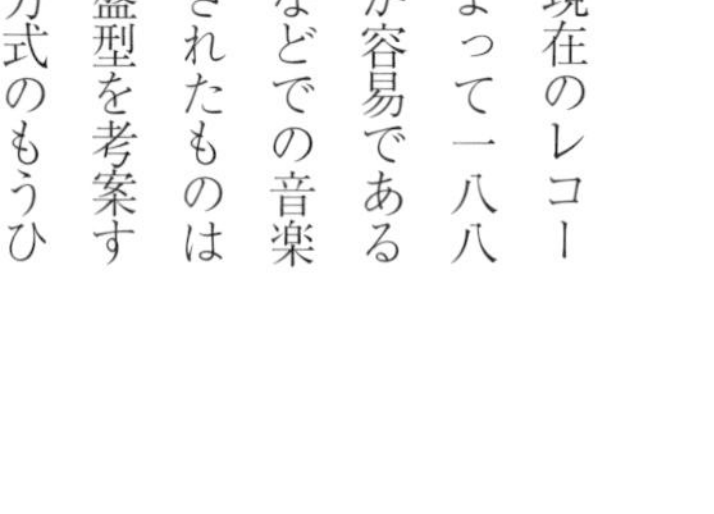
蝋管式蓄音機によるピアノ演奏の録音風景

し、それをもとにスタンパーと呼ばれるプレス用の版をつくることで大量の音盤の複製を可能としたことであった。蝋管式の録音では演奏家のまわりに十数台の蓄音機を並べ、同時に複数の蝋管を作成する方法はすでにとられてはいたのだが量産は不可能であったので、ベルリナー方式の登場は音楽産業のあり方にも大きな影響を与えた。

こうした録音メディアの発達[★4]と音声記録物の大量生産は、音楽の聴取の方法は大きく変化させていく。それまでの音楽を聴くこと＝演奏家を前にリアルタイムで鑑賞、という前提から一転し好きなときに何回でも繰りかえして聴くといった新しい聴取のスタイルが誕生した。一八九〇年代には家庭用の蓄音機の普及や、「ニッケル・イン・ザ・スロット」などの自動楽器などの登場などによって、同じ楽曲がアメリカ全土で聴かれるようになり、同時期のショービジネスの台頭とともに音楽産業そしてポピュラー音楽の形成の大きな原動力となった。またそれまでの音楽の記録法であった楽譜の制限を超え、民族音楽や民衆歌など楽譜をもたない音楽の記録も可能としたほか、楽譜にたよらず即興的な演奏をそのまま作品化できるなど、音楽の制作法そのものにも多大な変化をもたらした。

こうして録音メディアの歩みは、エジソンが想定した方向とは異なる進化を遂げていくわけでだが、エジソンが想像した以上に大きな影響を今日の文化・経済にもたらすことになったことは間違いない。

★4　グラモフォンの後、円盤式の音声メディアは音盤にシュラックを使用した数分の収録時間を持つ78回転のSP盤として定着する。このSP盤の仕様は一曲が約三〜五分というポップミュージックのスタイルを生みだす。一九四八年に登場した塩化ビニール性のLP（12インチ、33 1／3回転、片面に約30分収録）や、片面に一曲のみを収録したEP（8インチ、45回転）などが登場したほか、録音方式もモノラルからステレオへと発展していくが、基本原理はベルリナーの考案からはほとんど変化はしていない。

3 音によるマス・メディアの時代

無線からラジオ放送へ　一九一〇年代の無線全盛期には、無線メディアは現在の電話のように、テレコミュニケーションのメディアとして多くの人たちの間で活用されていたのだが、第一次世界大戦後にはいくつかの変化がこのメディアに起きた。大半の無線による通信内容は双方向の会話であったが、なかには自分のおしゃべりや歌声を聞かせたり音楽を流すなど、同時に複数の人間が受信できるという無線の特性を生かして、一方向的に情報を送る人たちがあらわれだした。また受信者側ではそうした「放送」を個人で聴くだけでなく家族などにも聞かせることも次第に増えはじめた。さらには一九一〇年代後半のアメリカの国家的規模での無線事業への取りくみや、ジェネラル・エレクトリック社など民間企業の無線事業への参画により送信専門の放送局も登場した。そうした放送はラジオという名称で呼ばれはじめ、送信機能のない受信専用の無線機が売られるようになる。

　放送の歴史で、最初の商業的な放送局とされているのがアメリカのピッツバーグにあるラジオ局ＫＤＫＡである。[★5] 一九二〇年に定時放送を開始したこのＫＤＫＡの放送内容は、毎日定刻にニュースを放送するほか、音楽、朗読やドラマなど

★５　メディア研究者の水越伸は『メディアの生成』で、サンフランシスコ万博での定時放送や『デトロイト・ニュース』紙が運営するラジオ局８ＭＫがＫＤＫＡの２ヵ月前に定時放送を始めていた記録などの例を挙げるとともに、当時の免許制度は事実上登録制度であったため最古の「放送局」を探すことは困難であるとしている。

多数のプログラムからなる計画的な番組が組まれていた。この定時プログラムが一般にKDKAを最初のラジオ局とする大きな理由ではあるが、むしろ、この局がラジオ無線機も製造していたウエスティングハウス社の販売促進のためのメディア、つまりは産業活動の一環として放送を行った最初の局であるとともに、無線愛好者ではなく一般大衆をターゲットとして番組編成がなされていたことが重要と考えられる。そして、急速に増加した放送の「受信者」、放送を専門とする施設の誕生、受信専用機の販売という三つの要素によって、無線による音のマス・メディアがこの時期に形成さていく。

無線メディア普及以前の一八九〇年代後半では電話を利用した番組放送サービスが行われており、当時の電話加入世帯のほとんどが利用していたという記録もあるが、その数はラジオのリスナーの比ではなかった。またいろいろな音楽を聴くため音盤を買わねばならない蓄音機とは異なり、受信機があればどこでもさまざまな内容の番組を楽しめるラジオは、たちまち人々の関心を集め娯楽の中心となっていった。

こうしてマス・メディアとなったラジオは、一九二〇年にはKDKAひとつであった商業的ラジオ局数が、十年後の一九三〇年には六一八局にまで増加し、年間三七九万台ものラジオ受信機が生産されるまでの一大産業にまで成長していき、テレビが登場するまでの最も影響力の強いメディアへとなっていった。

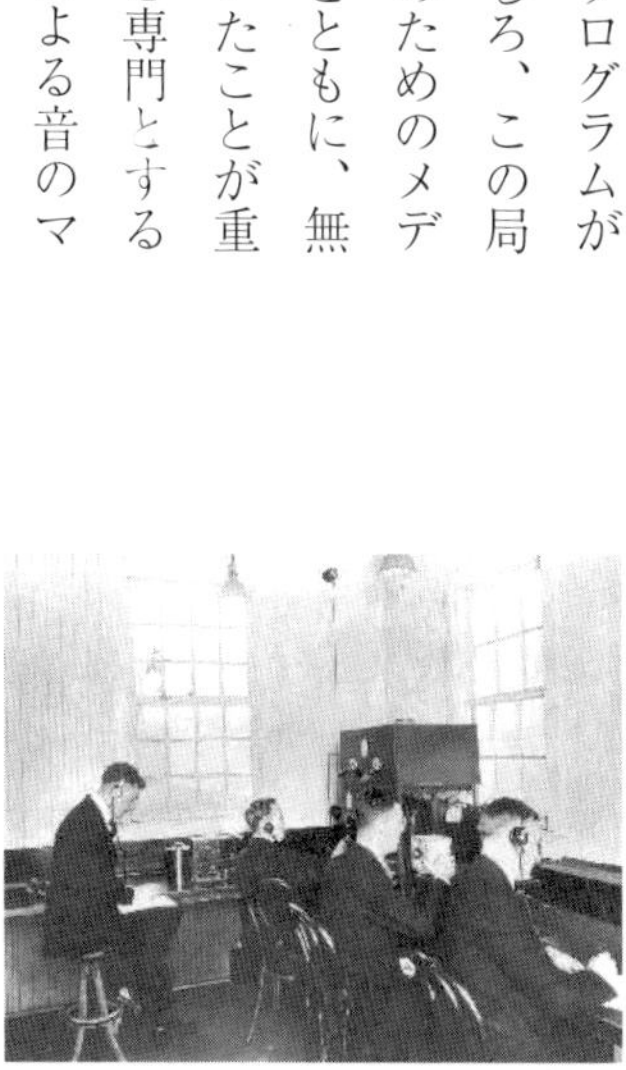
開局当時のKDKAの内部

多数のリスナーをもち、大衆にとって影響力の強いメディアとなったラジオは、レコードの普及とともにエンターテインメント産業の形成に大きく寄与したほか、しばしば政治的プロパガンダにも用いられた。

ナチスは、いち早く各種メディアの政治的活用法に着目し、新聞、映画、数百万枚のポスター戦略などなどさまざまなメディアを駆使しプロパガンダを展開していたことは知られているが、ラジオでも同様に情報戦略を行った。政権を得た一九三三年にはドイツのすべての放送局で毎日一九時から「国民の時間」という番組を放送開始したほか多くのプロパガンダ的番組を制作した。アメリカでの一九二〇年代の状況と同じく、ナチスはラジオ受信機自体の普及にもつとめ、1チャンネルしか受信できないが、24マルクという低価格な大衆向けラジオ受信機「国民受信機」を製造し、第二次世界大戦勃発の一九三九年には実に七〇パーセントという圧倒的なラジオ所有率を得るにいたった。大規模の演説会同様、ナチスの力をアピールするヒトラーの声をダイレクトに伝えた放送は、ドイツ国民を感情的に扇動する大きな原動力となった。

音響の増幅とスピーカー　ラジオとともに大多数へ向けた音響メディアで見逃せないのは、現在のPA（public Address）に代表される音声の拡声システムの登場だ。電話が一般的に浸透した一九〇〇年代初頭、電話で用いられていた受話部分

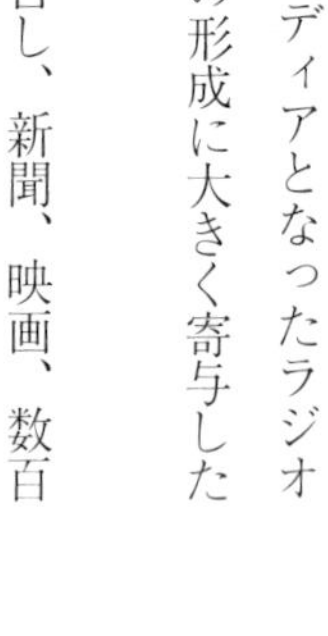

VE301型国民受信機のパンフレット

（スピーカー）は電磁石を利用したもので機構上の問題もあり、ひとりが耳を寄せて聞くのがやっとであった。同じ受話部分を使用していた電気式蓄音機はラッパ型のホーンをつけて音量を増大させていたが、それでも大人数での聴取は困難であった。その後、一九〇六年のド・フォレストによる三極式真空管の発明によって、電気的に音量を増幅する技術が生まれた。また電気的な増幅だけでなく、ラジオが普及した一九二〇年代に入ると現在のよう大音量で再生できるダイナミック型のスピーカーが開発されるなど、電子技術による音響の増幅の歴史が本格的なスタートをした。同時にテルミンやオンド・マルトノといった電子楽器やエレクトリック・ギターに代表される電気楽器も登場することになる。音声信号を電気的に増幅する技術は、家庭用ラジオだけでなく、映画館やホールでの使用を目的とした大規模な音声増幅システムへと発展し、より多くの聴衆にむけた講演やショーが行われていくようになる。またこうしたエンターテインメント分野での使用だけではなく、多くの聴衆のための演説も可能としていった。先に紹介したようにこの技術もナチスはいちはやくプロパガンダに用い、ニュルンベルクで毎年行っていた党大会では現在の大規模なロック・コンサートさながらの音響装置を会場に設置し、実に二十五万人を超える聴衆を前に大演説を行っていた。

　こうして音響メディアは電話や蓄音機といったパーソナルなものだけではなく、大衆（マス）を対象とするメディアとしても発達していったのである。

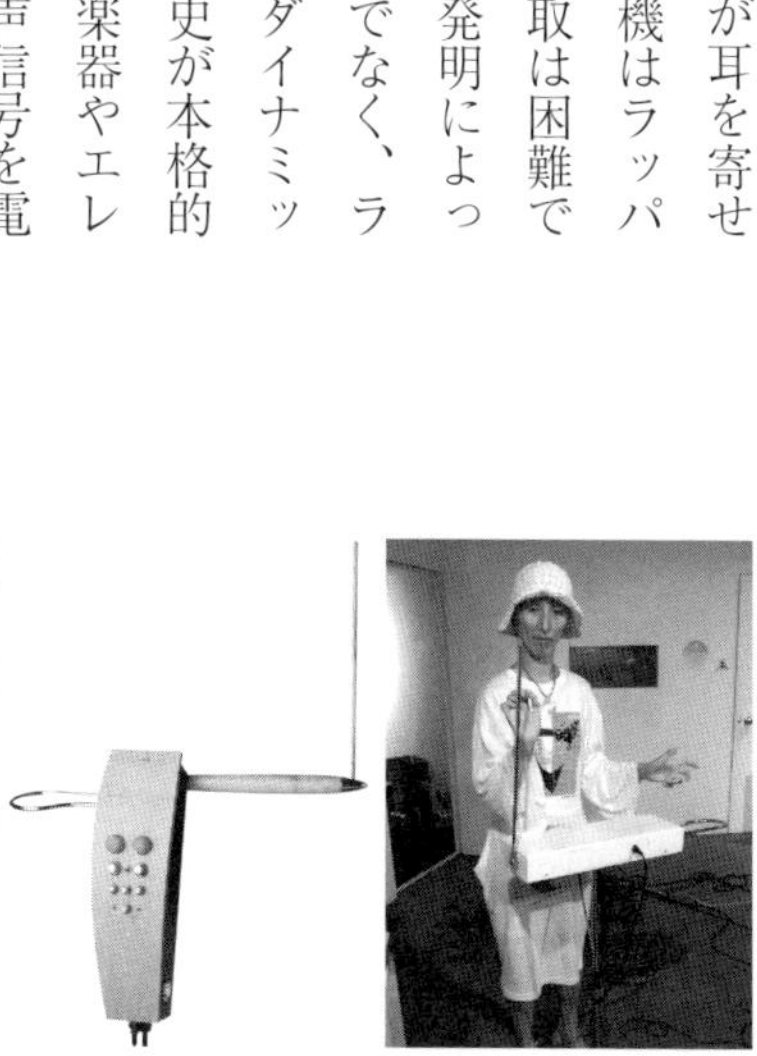

楽器に触れずに二本のアンテナと手の距離によって音高と音量をコントロールするテルミンの演奏風景（右、演奏：mamieMU、撮影：有馬純寿）と、最新型のテルミン（左、写真提供：株式会社モリダイラ楽器）。

4 テープメディアと編集

録音と再生　ラジオが無線の時代の双方向性メディアから送信者と受信者、すなわち商業的な放送局とリスナーの関係に移行していったのと同様に、録音メディアも安価な蓄音機の普及とレコード産業の発展によって音楽コンテンツを録音し量産・販売する制作者と、家庭でそれらを再生し楽しむリスナーへと分かれていった。そうしてエジソンが当初想定したような音響の手軽な保存という発想は人々の意識からしばらくの間忘れられていた。このことが再び思いだされるのはテープレコーダーの普及以後であった。

テープレコーダーの原理である、音声信号を磁気の変化に変換して磁性体に記録する方法は、蓄音機の発明の約二十年後の一八八九年にデンマークのヴァンデマール・ポールセンによって鋼線を用いた録音・再生装置として開発され、一九〇〇年のパリ万博ではグランプリを受賞するなど実は早期より知られていた。記録メディアに物理的に溝を刻みこむため、一度録音してしまえば内容を変えることは不可能だった蓄音機とは異なり、記録された磁気を消去して再び録音することが可能なこの方式は機能的には優れていたわけだが、発明当時は蓄音機よりも

磁気録音の原理

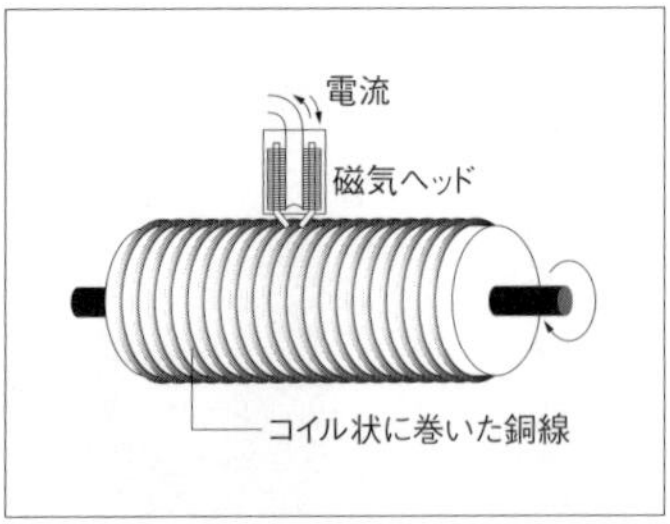

音質が悪く短時間の記録しかできないなど制約も多かったため普及するにはいたらなかった。以後、地道な改良が繰りかえされるもその価値が認められるのは、ラジオ放送が本格化する一九二〇年代以降であった。

一九二八年にドイツの技師フロイマーによって、鋼線の代わりに紙テープに磁性粉を塗布した磁気テープが考案され、扱いやすさが格段に向上しドイツを中心に次第に普及していくことになる。放送産業や音楽産業の現場などはもちろんのこと、家庭で音楽や会話を録音・保存し楽しむ人たちもあらわれてくる。

テープ編集・音楽を「編集」する　この磁気テープを用いた音声記録メディアには、繰りかえしの録音・再生が可能という点だけではなく、映画のフィルムのようにテープそのものを鋏で切り、再び貼りあわせても再生が可能という、他の録音メディアにはない特徴をもっていた。一方、レコード・メディアはLPレコードの登場で、一時間近くの音楽が収録可能となったのだが、[★6]テープ録音の普及で、原盤制作の際に、演奏を直接録音するのではなく、一度テープに録音し素材をつくることが行われた。その過程でいくつものテイクを録音して最良の部分を張りあわせて作品をまとめていく、いわば音楽を「編集」するという新しい制作法が誕生した。そしてピアニスト、グレン・グールドのように、コンサートでの演奏活動をやめ、スタジオで録音・編集によってつくりあげるレコードや放送などメデ

オープンリール式テープレコーダー
（撮影：有馬純寿）

★6　SP盤の収録時間は最大数分程度で、ポップソングやクラシックの小曲であれば一曲をそのまま収録できたが、交響曲やオペラなど時間の長い音楽では、音楽的な区切りごとに演奏を止めて収録し、大作のオペラなどでは二十枚を超えるディスクセットで販売していた。

ィアを通じた発表こそが自分の作品であるという音楽家も登場した。また、ディズニーの音楽アニメーション『ファンタジア』にも登場する指揮者のストコフスキーもテープによる音楽編集はもちろんのこと、テープ普及以前の一九三〇年代から、ステレオ録音を含むさまざまな音響加工の実験を展開していた。

テープ録音の技術は音楽の素材を人の声や楽器だけではなくした。フランス国営放送（RTF）の作曲家／エンジニア、ピエール・シェフェールが一九四八年に創始したミュージック・コンクレートという音楽制作法はそうしたメディアを用いた新しい音楽表現の代表例であった。ミュージック・コンクレートは、楽器や声だけでなく、汽車、機械、風の音や動物の鳴き声などの具体音を録音したものを、テープの再生速度を変化させ音高を変えたり逆方向に再生したりするほか、さまざまな電気的加工を施し、それらの素材を編集して音楽作品をつくりあげていくというもので、人が歌い楽器を演奏するというそれまでの音楽の定義をも更新させるものであった。

ポピュラー音楽においても、テープや電気的な音響の加工技術を用いた音楽制作は積極的に行われて、ひとりが同じヴォーカル・パートを何回も録音してコーラスをつくりあげたり、各楽器を別々の時間や場所で録音するほか、残響音をつくるエコーやリヴァーブ、音を歪ませるディストーションなどのエフェクターと呼ばれる音響装置を駆使しながら音楽をつくりあげていくことが一般化している。

ミュージック・コンクレートを制作中のピエール・シェフェール

カセットテープとウォークマン　一九六三年にカセットテープが登場するまでは、映画のフィルムのように磁気テープをリールに巻いた、一般にオープンリールと呼ばれていたものが記録メディアとして使われていたが、この方式は先に述べたような切り貼り編集には有利であったが、取りあつかいやすさの面では家庭用というでも手軽に扱えるというものではなかった。テープをプラスチックのカートリッジに納めたカセットテープは、その扱いやすさと手軽さそして価格の安さで急速に普及していくことになる。これによって、気に入ったラジオ番組を録音し編集・保存するという「エアチェック」の普及や、レコードから気に入った楽曲を編集してオリジナルテープをつくり友人と交換するなど、音楽や音声の個人的な編集とでもいうべき、新しいメディアの使用法が生まれ、音のメディアは録音されたコンテンツを購入したり放送を受信するなど受け身のものからもっと能動的なメディアへと変化してゆく。また、一九七九年にソニーから発売されたヘッドフォンステレオ『ウォークマン』の登場で、その名称のとおりいつでもどこでも自分ひとりだけが音楽を聴くという、新しい音楽の聴取のしかたも生まれ、音を聞く場所と時間も自由になり、より個人化してゆく。こうした情報の極めて個人的な楽しみ方は、ヴィデオの普及による映像の個人利用とともに、音楽だけではなく映像の鑑賞にも大きな影響を与えていくことになる。

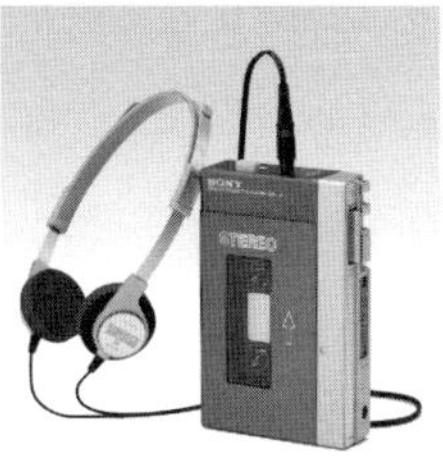

初代『ウォークマン』（1979年）（写真提供：ソニー株式会社）

5
デジタル音響の時代

音声のコード化とCD　現在では映像・音声・テキストなど多くの情報はデジタル・データとして扱われているが、そのなかでも音声情報は映像情報などに比べ、早期よりデジタル化が実現していた。

現在のCDなど多くのデジタル音声メディアで用いられているデジタル化技術のPCM（パルス・コード・モジュレーション）方式の基本的原理は、モースによる文字のコード化の発明から約百年後の一九三七年、国際電信電話パリ研究所に当時在籍したイギリスのリーブスによって考案された。音声信号をデジタル信号のパルス、つまり情報の有無（1、0）の符号に変換し、再生時に再びアナログ信号に戻すことで長距離の高品位な音声伝達を可能とする方法として考えられたこの技術は、真空管が中心の当時の電子技術では実現されることはなかったが、第二次世界大戦をはさみ、急速に進んだデジタル技術によって一九六〇年代には、長距離電話や宇宙空間での通信で実用化していた。

当初のPCM方式は音楽記録メディアとして使用できるほどの特性をもってはいなかったが、その後、高精度化が進み音楽録音システムにも採用され高品位録

PCM方式による音声信号のデジタル化の行程。一定の時間間隔で信号を拾いだし（サンプリング）、その大きさを数値に置きかえ（量子化）、さらに2進数のデータにする（符号化）。

音の代名詞となった。一九八二年にソニーとフィリップスによってCDの規格が発表され、現在我々が目にするデジタル・オーディオ・ディスクが登場した。このCDの登場は多くの変化を音楽の聴取にもたらした。

塩化ビニールでできているレコード盤は傷に弱いうえ埃が音溝に入ればパチパチとノイズを発するため、リスナーは再生時にジャケットから丁寧に盤を取りだしプレーヤーに載せ盤面を拭き、おもむろに針を落とし聞く、といったようないわば儀式のような行為を行ってきた。それに対しCDはサイズも小さく耐久性もあり、片面のみに情報が記録されているのでLPのように片面を聞き終えたら盤をひっくり返して聴くということもなく、ある意味ラジオ放送のように気楽に聴くことができる。こうしてCDの登場はウォークマンとは別の形で、「音楽を聴く」ということを、日常のなかのごくありふれた行為のひとつとしていった。

CDフォーマットは音楽にもいくつもの変化を与えた。一例をあげると、CDは曲ごとにインデックスがふられているので、1枚のディスクを続けて聴くのではなく、気に入った曲だけを選び再生するという聴き方も普通に行われる。そのためポップ・ミュージックではCD登場以後、次の曲に飛ばされないよう冒頭部分に一番キャッチーなサビの部分から始まるアレンジによって、曲頭十秒程度のインパクトを強調する楽曲が増えるなど、メディアの特徴を意識したアレンジのスタイルも生まれた。

流通と制作の変化　ＣＤの登場は音楽のスタイルに変化を生じさせただけではなく、流通にもいくつもの変化をもたらした。小型で耐久性があるＣＤやＤＶＤに音楽や映像、データを収め、雑誌や書籍の付録として使用されることは今ではごく普通なこととなっている。また商品としての扱いやすさは、レコード時代は一部の音楽マニアのものであった輸入盤を一般的なものにし、世界各地のマニアックな音楽を簡単に入手できるようになった。八〇年代のワールド・ミュージックやその後のテクノのブームなどもこのこととは無縁ではあるまい。制作側も世界的な流通網の発達により、一国ではそれほどの販売数が見込めないが世界全体では相当数のリスナーがいるコンテンツの制作を積極的に行えるため、世界各地で特定のジャンルに強いインディペンデント・レーベルが多数生まれた。さらに現在では、インターネットや、誰でもが簡単にディスクをつくれるＣＤ−Ｒの普及によって、世界に向けた個人によるコンテンツのリリースも可能となった。

　先のようにいち早くデジタル技術が録音に導入された音楽制作の現場でも、ＣＤの登場と同じ一九八二年に、演奏情報を符号化してシンセサイザーや自動演奏装置（シーケンサー）の間でやりとりするデジタル・データの規格であるＭＩＤＩ★7が登場するなど、一九八〇年代以降急速にデジタル化が進んでいるが、現在ではシンセサイザー、サンプラー★8といった楽器やエフェクターがアプリケーション化しているほか、コンピュータのディスク上に音声を録音するハードディスク・レ

ハードディスク・レコーディング機能もあるシーケンサー・ソフトウェアDigital Performer（Mark of the Unicorn）と、ソフトウェア化されたシンセサイザーPro-53（Native Instruments）。ともにハードウェア機材のデザインがそのまま使用されているところに注目したい。

★7　Musical Instrument Digital Interface

★8　音声信号をデジタル録音しキーボード等で演奏する楽器

コーディング・システムも主流となり、パーソナル・コンピュータ自体がひとおりの機能をもつ音楽制作システムとなるにいたっている。

データとしての音楽

現在では、流通するほとんどすべての音楽や音響情報がデジタル・データとして扱われているので、デジタル環境の変化は、そのまま音響の聴取、そして音楽のあり方にも影響を与えていく。ウォークマンからはじまったパーソナル・オーディオのあり方も、iPodに代表されるデジタル・オーディオ・プレーヤーの急激な普及、音楽のオンライン販売やネットワークを通じたファイル交換、あるいは携帯電話の着メロや着うたなどにみられるように、急激に非物質化していき、音のコンテンツを所有する、ということ自体も大きく意味が変わろうとしている。また音楽家も、ＣＤの読みとりエラーなどのデジタル・ノイズを音楽作品とするなど、未来派やミュージック・コンクレートなどでみられたノイズ音響の導入の現在形ともいうべきアプローチを展開するほか、ヒップホップのＤＪがターンテーブルを楽器化したスクラッチのように、つねにメディア装置の新しい活用法を模索している。

我々は現在、蓄音機の登場から始まる何度目かの大きな変革期にいることは間違いない。この音響のコード化に代表されるメディアの劇的な変化は、音楽を、そしてその聴取をどのように変容させていくのだろうか？

iPod（右）と音楽をオンライン販売するiTune Music Store（写真提供：アップルコンピュータ株式会社）

【参考資料】

田村和紀夫、鳴海史生著『音楽史17の視座』（音楽之友社／1998年）
高橋浩子、中村孝義、本岡浩子、網干毅編著『西洋音楽の歴史』（東京書籍／1996年）
渡辺裕著『音楽機械劇場』（新書館／1997年）
細川周平著『レコードの美学』（勁草書房／1990年）
パトリス・フリッシー著『メディアの近代史』（江下雅之、山本淑子訳／水声社／2005年）
山川正光著『図説エジソン大百科』（オーム社／1997年）
水越伸著『メディアの生成　アメリカ・ラジオの動態史』（同文館／1993年）
川上和久著『メディアの進化と権力』（ＮＴＴ出版／1997年）
直川一也著『科学技術史　電気・電子技術の発達』（東京電機大出版局／1998年）

第8章

テレビと世界コミュニケーション

野々村文宏

1　テレビの誕生

テレビジョン前史　『情報メディア・スタディシリーズ 情報映像学入門』第2章5節の冒頭のように、テレビジョンは、ツヴォリキンによるアイコノスコープ（撮像管）の発明と、ブラウンによるカソード・レイ・チューブ（いわゆるブラウン管）の発明によって、映画を撮影するカメラと映写機プラス映画が投射されるスクリーン（つまり暗箱としての映画館）のような関係で、ハードウェアの基幹技術がそろった。

さらにさかのぼって述べれば、それ以前の一八八四年にドイツのパウル・ニプコーが金属円盤のうえにうずまき状に小さな穴をいっぱい開けて、被写体の像をセレン受光素子で電気信号に換え、動画のイメージを走査（スキャン）するニプコー円盤を考案している。一九二六年にはイギリスで個人起業家のジョン・ベアードが、この円盤を使って画像を作る実演に成功した。ニプコー円盤はその形式から機械式テレビジョンとも呼ばれている。

ここで現代にもどって、参考にデイヴィッド・ブレア監督の映画『WAX　蜜蜂TVの発見』（一九九一年）を見てみよう。『WAX　蜜蜂TVの発見』はノンリ

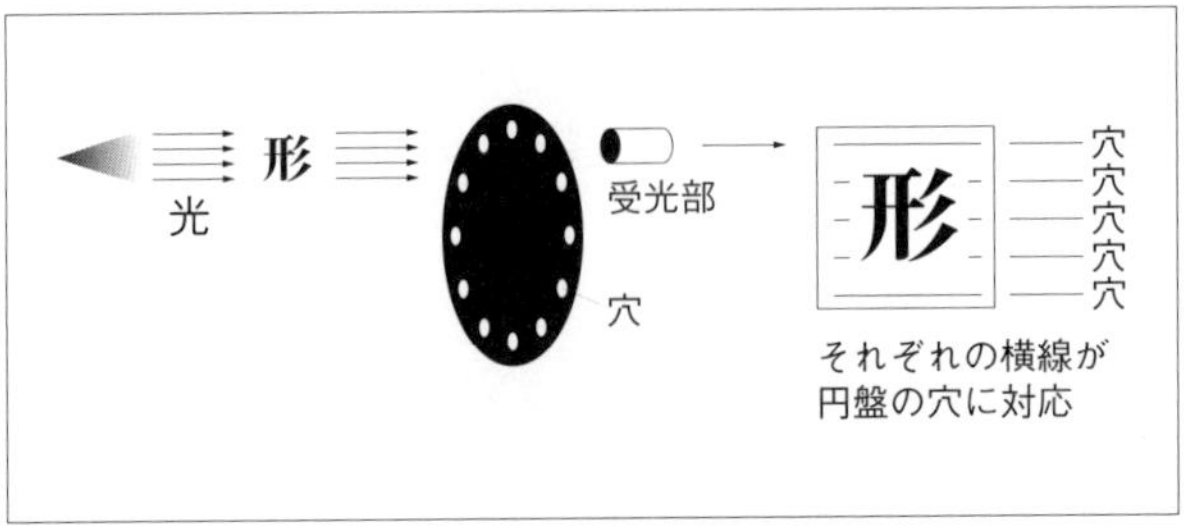

ニプコー円盤の概念図

ニア編集で作られた先駆的なデジタル映画として高い評価を得ていると同時に、メディア史を踏まえたメディア論的思考に貫かれている内容でも評価が高い。映画の冒頭の説明的シークェンスに、さりげなくニプコー円盤が出てくる。主人公の祖父ジェイムス・ハイヴ・メーカーの父親違いの妹、電話交換手のエラ・スピラルムは、昔、電信会社の設備の機械化にともない職を失う（第6章3節）。しかし皮肉にも、スピルラム自身も発明家であり、彼女の夢は電話線を利用して画像を送信する機械を発明することだった（本節参照）。そして、この説明のときに、ニプコー円盤が映しだされるのだ。さらに、次のショットで彼女の顔のアップにエティエンヌ＝ジュール・マレーのクロノフォトグラフィの鳥の飛ぶシークェンス（第5章2節）がオーバーラップして映しだされる。このように映画『ＷＡＸ』に高密度に埋めこまれたさまざまな情報は、本書の理解の助けとなるだろう。

絵の見える電話という発想　しかし、今日のテレビジョンが不特定多数の受像機を対象とする「放送」（ブロードキャスト）という形態をとるのに対して、当然のことながら、もうひとつの方向として、グラハム・ベルの発明した電話（第6章2節）の延長上に視覚情報をやりとりする機械が考えられていた。そもそも静止画を遠隔地に電送するファクシミリは、一八六七年のベルによる電話の発明より早く、モールスによる実用電信機を追いかける形で一八四三年にイギリスの技師アレクサンダー・ベインによって発明されている。フランスでは一八八三年、アルベール・ロビタの描く風刺漫画のなかに、未来の家庭の居間にフラットなガラス・スクリーンに離れた場所の絵を投影する「テレフォノスコープ」という双方向型の監視機械が登場している。また、一八八〇年にグラハム・ベルは、動画を遠隔地に送る、現在のテレビ電話の原型ともいうべき「フォトフォン」という機械を構想していた。重要な点は、これらの文化装置が、「放送」という形態ではなく、P・to・P（ポイント・トゥ・ポイント）の「電話」の形態を前提としているところだ。現在、なにかと論議のもとになっている「通信」と「放送」の区分は、実は草創期から未分化の部分がおおいにあったのだ。

日本の「テレビの父」　日本では、大正一五年（一九二六年）に浜松高等工業学校（現在の静岡大学工学部）の高柳健次郎が、「無線透視法」と称して、世界ではじめてブラウン管方式による送受信を成功させた。ただし、このときの送信機は機械式のニプコー円盤だった。走査線四十本という解像度でこのときはじめて受像されたのは、「イ」の文字だったという。幼い頃の高柳健次郎は、発明王トーマス・エジソンを尊敬し、また北極海上で遭難した豪華客船タイタニックの遭難信号を無線技師デヴィッド・サーノフが受けとって全世界に伝えたこと（第6章4節）に感動していたという。また、ほかにも早稲田大学で電気モーターを研究していた川

世界初のブラウン管式テレビ受像機（レプリカ）（写真：日本ビクター株式会社）

原田政太郎は、欧米でジョン・ベアードの機械式テレビジョンの実演を見て、早稲田式テレビジョンの開発を進めていた。

高柳の研究は、一九三〇年に昭和天皇が浜松地域を巡幸した際の実験に成功したことで、スタッフも予算も大幅に増やされるチャンスをつかんだ。高柳は一九三五年に浜松高工式アイコノスコープによる走査線二二〇本の全電子式テレビジョンを完成させ、一九三七年にはＮＨＫ技術研究所にテレビジョン部長として出向することになった。高柳のＮＨＫでの任務は、一九四〇年に開催が予定されていたが政治状況が切迫して中止となった、幻の東京オリンピックの中継技術の開発だった。テレビの実験放送自体は、戦前にはじまっていたのだ。

このように、高い先見性をもった高柳は、太平洋戦争中には海軍技師として日本軍のレーダーや電波兵器の研究に動員された。しかし終戦後、ＧＨＱにより公共事業への復帰を拒まれ、ＮＨＫ技術研究所に戻れなくなり、スタッフをひきつれて日本ビクターに入社した。戦後日本のテレビジョン開発の歴史が、ここに幕が切っておとされた。日本のテレビ本放送は、一九五三年二月一日午後二時から、千代田区内幸町にあるＮＨＫ放送会館第一スタジオから開局式が中継され、続いて、尾上松禄らによる舞台劇『道行初音旅』が放送によってはじまった。この時点でのテレビ受信契約台数は八六六台、その他に街頭テレビなどをふくめて東京都内のテレビ数は一二〇〇～一五〇〇台程度だったといわれている。

2

テレビジョンのメディア産業としての台頭

デヴィッド・サーノフとRCA、RKO、NBC　テレビジョンの産業としての発達を検証するときに、デヴィッド・サーノフの名前は外せない。サーノフは一八九一年にロシアに生まれ、幼い頃にニューヨークにわたったユダヤ系移民だった。一五歳でモールス符号を覚え、アメリカ・マルコーニ無線会社に就職して一九歳で少年無線士となる。一九一二年四月一四日、デパート内の無線ステーションで働いていた彼は、偶然、北極海を航海中のタイタニック号からの遭難救助信号を傍受して、全世界に知らせようと打電する。

サーノフは一九一五年に、無線通信の一般家庭向け受信機「ラジオ・ミュージック・ボックス」の開発チームに加わる。第一次世界大戦後、GE（ゼネラル・エレクトリック社）がマルコーニ無線会社のアメリカ部門を買収してRCA社を設立し、一九二一年にラジオ受信機を発売すると、社内で頭角を現し、全米一のラジオ局のネットワークを組織して、一九三〇年には同社社長に登りつめる。

さらにサーノフは、「動く絵の出るラジオ」テレビジョンの時代が来ることを早くから予測し、ウエスチングハウス社でブラウン管の原理を撮影に応用する研

RKOピクチャーズの映画のオープニング映像

究を進めていたロシア人技師ウラジミール・ツヴォリキンをRCA社に引きぬき、一九三三年にアイコノスコープ(撮像管)の開発を成功させた。そのため、アメリカではツヴォリキンを「テレビの父」と呼ぶケースが多い。さらにサーノフは、テレビジョン開発に関係する複数の特許権を買いあつめ、テレビ放送局NBCを設立して、一九三九年に一般向けテレビ放送をスタートさせた。

ほかにサーノフは、二〇年代後半に急成長していた映画産業に注目し、ジョン・F・ケネディの父ジョセフ・P・ケネディと組んで映画会社RKOと周辺の映画館チェーンを買収し、新興勢力として、ラジオを宣伝媒体に使って、ディズニーの『白雪姫』を配給、『キング・コング』、オーソン・ウエルズ『市民ケーン』、ジョン・フォード『駅馬車』、ヒッチコック『汚名』などを制作配給し、三〇年代から四〇年代初頭にかけて黄金期を築きあげた。これは、いまでいうメディア・ミックス手法の元祖ともいえる。今はなきRKO社だが、社名の末尾に「ラジオピクチャーズ」とつき、映画会社であるにもかかわらず、マークが電波を発信する放送塔だったのには、このような背景があったのである。

サーノフは技術者出身で未来予測に強く、組織の統率力も高かったが、彼の立ちあげた事業は市場を寡占する場合も多く、しばしば政府関係機関の調整や指導を受けた。

サーノフの功績を讃えて、RCA技術研究所はRCAデヴィッド・サーノフ研究所という名称に変更され、現在ではＳＲＩ（スタンフォード研究所）グループの一角をなすサーノフ・コーポレーションという会社になっている。

正力松太郎と戦後日本のテレビメディア　世界各国のテレビジョン史を網羅する紙数はないが、日本のテレビ発達史には触れておこう。日本でも太平洋戦争前にテレビの実験放送は始まっていた。アメリカでテレビの一般放送が始まった一九三九年には、ＮＨＫの放送会館から実験放送の電波が飛ばされていたし、翌四〇年には、『夕餉前（ゆうげまえ）』という日本最初のテレビドラマが約十二分という短さながら実験放送されたのである。しかし、日米開戦後、テレビジョンの実験はいったん凍結されていた。一九五〇年、ＮＨＫ技術研究所はテレビの公開実験放送を再開した。日本橋の三越デパートなどにテレビ受像機が置かれた。

しかし、草創期には、正力松太郎の存在が大きい。正力は戦前、読売新聞社長だったが、終戦直後、公職から追放されていた。その彼のところに、三極真空管やトーキーを発明したアメリカのド・フォレスト博士からテレビ放送の話が持ちこまれた。正力の動きは速かった。正力は、財界工作をはじめ、公職復帰が許されるやすぐに日本テレビ放送網という新会社を立ちあげ、ＮＨＫにさきがけて電波監理委員会から開局免許を取得した。追ってＮＨＫも免許を取得した。ここで、周波数帯域幅を6メガにするか7メガにするかという規格の問題が浮上した。

それはつまりこういうことだった。戦前から独自の研究開発を続けていたNHKは、7メガの日本独自の規格を申請していた。いっぽう、日本テレビの正力は、アメリカの規格である6メガのNTSC規格を強力に推した。電波監理委員会は、最終的に正力の推すNTSCを採用することに決めた。戦後の冷戦体制のなかで、アメリカを背後につけた正力の政治力の勝利だった。これが、われわれが慣れ親しんできた日本のアナログ地上波の伝送方式の由来である。一九八五年、NHKは次世代高精細テレビの規格を「ハイビジョン」と名づけ、アメリカをはじめ全世界に売りこんだが、アメリカは「ハイビジョン」方式を採用しなかった。そもそも、それ以前に、アメリカにとって戦後日本はテレビ規格において陸続きの同じ土地だったのだ。

初期のテレビ受像機は高価で、一般庶民には手の出ないものだった。そこで、メディアのプロデュースに長けていた正力は、アメリカ人技師ホールステッドの教示を参考に、開局直前の一九五三年八月一八日から、街頭テレビを人の集まる場所に設置しはじめた。無料の街頭テレビは、大衆にテレビを観る慣習づけをしていった。いまでいう「キラー・コンテンツ」も用意した。一九五三年八月二八日、日本テレビ開局。翌年、「プロレス中継」がはじまった。空手チョップで悪役白人レスラーを倒す力道山の活躍に、街頭テレビの前に群がる大衆は熱狂した。ここに、テレビによるマス・コミュニケーションの時代がはじまったのだ。

3

地球を覆いはじめたテレビ報道ネットワーク

大厄災、戦争、テレビとライブ　一九六三年、日本時間十一月二十三日、その日は記念すべき初の日米衛星中継の日だった。朝の八時過ぎ、通信衛星リレー1号を経由して入ってきたその日二回めの衛星中継が、ジョン・F・ケネディ大統領が暗殺された臨時ニュースだったのは、有名なエピソードである。ただし、このエピソードは、後に繰りかえし資料映像が放映されたためか、多くの人が誤解して記憶している。じつは、遊説パレード中にケネディが撃たれた映像が日本で生中継されたわけではない。早朝午前五時の第一回中継に送信されたのは、アメリカ側の放送信号発信基地の外の、茫漠としたカリフォルニアの砂漠の映像だった。ほんらいであれば録画されたケネディ大統領のお祝いのメッセージが流される予定だったのが、中継の約二時間前に大統領が殺されてしまったために録画を使うことが断念され、その代わりに砂漠の映像が流されたのである。そして二回めに暗殺のニュースが流された。この事実を掘りさげて考えれば、人間の記憶のあいまいさ、事後性、再編集性に気づくだろう。

ケネディ暗殺のときと比べて、二〇〇一年の「9・11」、NYの国際貿易セ

遊説中のケネディ大統領。この直後に撃たれた。（写真提供：AP／WWF）

ンタービルにハイジャックされた旅客機が突っこんでいくさまは、日本ではまず夜十時台のニュースバラエティの時間に臨時ニュースが流れ、その後の中継で、二機めの突入の瞬間をライブで見た視聴者が多く、トラウマ（精神的外傷）的な映像体験となった。この中継をしたCNNとは、一九八〇年、米三大テレビネットワーク（NBC、ABC、CBS）に対抗するべくジョージア州アトランタに本部がつくられた、二十四時間ニュース映像のみを流すケーブルTVネットワークだ。八〇年代初頭の放送界の大ニュースは、このCNNと、もうひとつ、音楽専門のケーブルTVチャンネル「MTV」の誕生だった。CNNが誕生した背景には、カメラやVTRなど機材の小型化・高性能化があったことはいうまでもない。「9・11」の記憶が大きくて忘れられがちだが、一九八六年一月二六日、CNNが生中継中に、アメリカのスペースシャトル、チャレンジャー号が打ち上げ直後、爆発したときの衝撃も大きかった。

CNNに世界的な名声をもたらせたのは、一九九一年の湾岸戦争だといわれている。開戦後、西側報道陣では、ベトナム戦争報道でピューリッツアー賞を受賞した花形記者ピーター・アーネットをふくむCNNの記者三名のみがバクダッドに残って取材を続けることを許され、米軍がハイテク機器を駆使して民間人を犠牲にしないピンポイント爆撃に成功したと発表したはずの武器庫が粉ミルク工場だった、などのスクープを連発した。しかし、二〇〇三年のイラク戦争時、米N

9・11。ニューヨークの世界貿易センタービルにハイジャックされた航空機が突入爆発炎上。（写真提供：ロイター＝共同）

ＢＣテレビと契約していたアーネット記者は、バクダッドに残ったものの、今度はイラク寄り過ぎるとして米世論の猛反発を食らい、退任させられた。しかし、どちらの場合も、真実は藪の中にあるといってよい。

ＥＮＧとマックス・ヘッドルーム　そのＣＮＮの誕生以前、ニュースの現場では、七〇年代に大きな技術変革があった。その新しいシステムはＥＮＧ（エレクトロニック・ニュース・ギャザリング）と呼ばれた。取材したヴィデオ・テープを現場で再生し、ＦＰＵ（フィールド・ピックアップ・ユニット）を使って、放送局に伝送する。速報性が問われる報道の現場でＥＮＧがはじめて威力を発揮したのは、一九七二年のホワイトハウスの記者会見だったといわれている。米三大ネットワークのうち、携帯型ＶＴＲを使ったＣＢＳが、フィルムカメラを使っていたＮＢＣとＡＢＣを大きく出しぬいたのだ。ＥＮＧの日本における本格的普及は、七五年の沖縄海洋博取材からだった。さらに、ＥＮＧは九〇年代に入ると衛星通信を使ったＳＮＧ（サテライト・ニュース・ギャザリング）に発展し、速報性と機動性を強化していった。さて、ＥＮＧというと思い出す、ある近未来ＳＦドラマがある。

一九八五年にイギリスのテレビ局チャンネル４で一回だけ放映され好評を博し、一九八七年にアメリカで全十四話の連続テレビドラマとなった『マックス・ヘッドルーム』だ。マックス・ヘッドルームはＣＧでつくられたキャラクターで、もともとはチャンネル4の別の音楽番組のホストとして使う予定だったのが、設定がふくらんできて、ついにテレビドラマがつくられてしまったという。このCGキャラクターは、ドラマの主人公であるテレビ局レポーターの記憶を抜きだしてつくられた「人工知能」である。舞台となる廃墟めいた近未来都市には、いたるところにテレビ・モニターが組みこまれ、人々はカメラで監視されている。この世界ではテレビを消すことは監視と洗脳のループを断ちきることになるため犯罪とされていて、政治も経済もすべてテレビを媒介として行われている。

主人公はビデオカメラを肩にかけた、まさにENGを体現するレポーターとして現実世界を取材していく過程で、サイボーグ的な発想にもとづく臓器売買のための誘拐、カルト宗教、ジッピングと呼ばれる非合法な介入による放送映像のすり換えなど、さまざまな犯罪を、コンピュータ・ネットワークのなかにいるマックス・ヘッドルーム、自分のコピーだが独立した意識をもつというやっかいな代理人＝行為体（エージェント）とともに解決していく。一九八四年はウィリアム・ギブソンのSF小説『ニューロマンサー』が発表され、ちょうどサイバーパンクの一大ブームが起こった頃だが、それから二十年経つうちに、ここに描かれたフィクションを体現するような事件が次々と起こったという意味において、このドラマはけっして古くなってはいないといえるだろう。

『マックス・ヘッドルーム』当時出版された本（Max Headroom, Chrysalis Visual Programming, 1985）

オルタナティヴ・テレビジョン

草の根の放送ネットワーク　ここまではマス・メディアとしてのテレビジョンの歴史に目を向けてきた。しかし、いっぽうで、多数意見とはまた違った視点からの情報もあるし、地域に根ざした情報もある。そうした情報を送りたい／欲しいという欲求は、撮影・編集機材が低価格化し、番組を流すチャンネル（情報の通路）が多くなると、実現へと一挙に向かった。それまでのテレビが、広範囲に情報を収集し放送局に集め編集し広範に電波を発信していく一極集中型のメディアだとしたら、ケーブル・テレビや、（日本の場合だが）ＣＳ放送は、多様化した価値観を引きうけるだけの社会基盤となりうる状態になった。もっとも、この場合もなんらかの意味で、いったん放送局に情報を集めてくることに変わりはないが、結果として、多チャンネル化が、それまでの状態より情報の多様性を保証したのである。ここに、民主主義的な草の根（Ｇｒａｓｓｒｏｏｔｓ）型の映像メディアの可能性が広がったといえる。

しかし、こうした考え方や動きは、実はテレビの普及以前からあった。ヨーロッパでは第二次世界大戦中の反ナチスの抵抗運動として「自由ラジオ」と呼ばれた、より個人的でゲリラ的な地下ラジオ放送が行われていた。また、八〇年代末から九〇年代にかけての東欧の自由化にも、西側の情報を文化という形で伝えた独立ラジオ放送局の果たした役割は大きなものだった。現在でも、その独立精神の一部は、心あるミニFM局、コミュニティFM局に連綿と引きつがれている。

また、アメリカで、ベトナム戦争反対の立場から行われた一九六八年のワシントンのデモ行進の報道を見て、体制の立場から編集した映画ではなく、そこで起こっている事実を、当事者たちが、なるべく生のままで撮影して配布しようという機運が高まり、実験映画作家のジョナス・メカスの呼びかけによって、個人作家がニュース映像を撮影し上映するネットワーク、ニューズリール運動が誕生した。この運動は、全米各地の学園闘争、当時のアメリカ黒人のコミュニティのようすなど、現在ではたいへん貴重な記録映画を多数生みだした。

現代では、ニューヨークに本拠を置く「ペーパータイガーTV」が、草の根テレビジョンのネットワークとして有名である。といってもこのグループもまた放送局を持っているのではなく、自主映像制作者たちが集まって作品を流通させているネットワークである。「張り子の虎」を意味するヒューモラスな名前のこのネットワークは、一九八一年に誕生して以来、さまざまな社会問題に対応する三百以上の番組を製作し、アメリカ各地や世界各国の公共放送局、ケーブル・テレビ局に配給してきた実績がある。

また、日本でも、「ビデオアクト」という、商業ベースのマス・メディアには載りにくい自主制作映像を普及・流通させるためのネットワークがある。当然のことながら、こうした草の根のネットワークは、現在ではインターネットのブロードバンドにも対応している。また、硬直化した社会状況を活性化させるために「働きかける」という意味を込めて、こうした活動をヴィデオ・アクティビズムと呼ぶこともある。

そして、こうしたメディアは、既存の多数派の商業ベースのマス・メディアに対して、それとは違った「もうひとつの」＝「対案」という意味のオルタナティヴ（Alternative）という言葉を使い、オルタナティヴ・メディアとも呼ばれる。

マイケル・ムーア監督の『華氏９・11』は、ハリウッド興行レベルで商業的成功をおさめたドキュメンタリー映画だが、ムーア監督がデジタル・ヴィデオ・カメラを駆使して、ほとんどパーソナルに撮影を敢行したより以前から、このような歴史的な積みかさねがあったことも、知っておくべきだろう。個の視点を広く伝えることの敷居の低い時代に入ってきたことは、歓迎すべきことだろう。

アーティストによるテレビへの「介入」　ここで、少し違うケースとして、アーティストたちによるテレビジョンの、いわば使い方についても触れておこう。

ヴィデオ・アーティストのナム・ジュン・パイクは、ジョージ・オーウェルが

写真提供：ビデオアクト

近未来の監視／管理社会を描いた小説『１９８４』の年、一九八四年の元旦に衛星中継を使ってニューヨーク、サンフランシスコ、パリ、ベルリンなど数カ所をつないで、「オーウェルさん、あなたの描いたとおりの未来になりましたか？」と問いかける、グローバルな規模の「グッド・モーニング、ミスター・オーウェル」というイヴェントを行った。これをパイクは「グローバル・ディスコ」と呼び、管理の力が強まるいっぽうで、アートやポップ・カルチャーがもつＨｉｐな力が管理の体制をかく乱するとして、アーティストのローリー・アンダーソン、ミュージシャンのピーター・ガブリエルらを起用して一大アート・イヴェントを展開した。このイヴェントには日本の中継地点やパイクの故郷である韓国が入っていなかったが、一九八六年にこの続編とも呼べる、アメリカ、韓国、日本を中継して、建築家磯崎新、画家キース・ヘリング、現代音楽家フィリップ・グラス、ロック・ミュージックのルー・リードらが参加した「バイ・バイ・キップリング」というイヴェントが行われ、さらに、一九八八年のソウル五輪開催時に合わせた「ラップ・アラウンド・ザ・ワールド」に続いていく。

このような遠隔地点を中継する形のアートを「テレマティック・アート」と呼び、メディア・アートのひとつと考えられている。人間のなかにある、遠隔地にいる相手と双方向の対話がしたいという欲望は、やがて、現在進行中の、インターネットと放送の融合へと向かっていくことになる。

5

テレビの未来 テレビの社会学

グローバリゼーションの光と影 九〇年代に政治経済のグローバル化が進行するにともなって、メディア資本のグローバル化も進んだ。二〇〇五年、IT企業のライブドアがニッポン放送/フジテレビの、楽天がTBSの買収を図った「事件」があったが、それ以前にも九六年に、孫正義のソフトバンクとメディア王ルパート・マードックのニューズ・コーポレーションが組んで、テレビ朝日を買収しようとしたことがあった。このような動きはこれからも続くだろう。というのは、世界的に見て、放送の市場が、パブリック・アクセスとしての政治的公正さを重視した方向から、多メディア多チャンネル化を前提とした自由市場へと変化してきているからだ。極論すれば、多チャンネル化によって放送の希少性が薄れ選択の自由が保証されるので、ポリシーが合わないと感じたら他局へどうぞ、という論理である。実は、アメリカでは八七年にFCC(連邦通信委員会)が「公正原則」を廃止していて、これが九〇年代の放送の自由化を促したのである。ここで、前節の多メディア多チャンネル化とは、単にバラ色の民主主義の実現とは違って、情報の多様性を保証すると同時に放送の公正さを放棄することにつながる「両刃の剣」でもあったことを強調しなければならない。

そうした多チャンネル化にともなう一種の流動化現象のなかで、浮上してくる放送局もある。中東のカタールという国にある衛星テレビ局アルジャジーラは、９・１１以降にテロ組織アルカイーダの指導者オサマ・ビン・ラディンの映像を特ダネとして何回も流して、世界中の注目を浴びた。このアルジャジーラは、二四時間のアラビア語ニュース放送局で、中東のＣＮＮと呼ばれている。このように、グローバル化のなかのテレビ放送は、その局の報道方針いかんによって、必ずしも既存の大手ネットワークではなくても、世界の世論に影響を与えることができるようになったといえる。

ヨーロッパはＥＵという国家連合体となり、メディア資本の合従連携が、場合によってはそこにアメリカ資本も参入する形で進んでいる。そのさなか、カー・レースのＦ１やサッカーＷ杯への過剰投資がたたり、二〇〇二年にドイツのキルヒ・グループが経営破たんした。キルヒ・グループの破たんは、二〇〇一年アメリカ・カリフォルニア州で起きた電力危機などと同じく、行きすぎた自由化が社会インフラの安定を保証しないというケースである。

アジアでは、前出のルパート・マードック率いるニューズ・コーポレーションが、九一年に香港ではじまったアジア全域をほぼカバーする衛星放送「スターＴＶ」を九三年に買収する。スターＴＶの例に顕著なように、衛星放送は、環境問

アフガニスタンで1998年5月、記者会見した際のウサマ・ビンラディン氏（写真提供：ロイター＝共同）

題と同じように、国境が国民国家によって引かれた人工的なものであることをあらわにさせた。グローバル化されたメディアの自由市場のなかで、コンテンツ（内容―番組）は商品として売買される。日本では韓流ドラマのブームが起こった。今後は、中国という巨大市場の動向が注目される。

テレビをどう読み解くか　近年の社会学におけるテレビジョン研究は、イギリスに端を発した「文化研究」（カルチュラル・スタディーズ）のなかで、われわれの日常生活のなかにいやおうなく組みこまれた「テレビを観る」という行為を通じて、多重化された意味の受けわたしや、そこに潜む権力関係、さまざまな力が交錯しあう複合的な文脈を考える方向になってきている。その傾向は一九七四年に出版されたレイモンド・ウィリアムス『テレビジョン――技術と文化形式』あたりから始まり、七〇年代から八〇年代初頭にかけてスチュワート・ホールが、それまでの「受け手→送り手」の単純なコード分析ではなく、送り手とは単一の主体ではなく複数の条件から構成的につくられた主体であり――たとえば、テレビのニュースキャスターが話している内容は必ずしもニュースキャスターひとりが決定づけているわけではない。また送り手側が意図して組みこんだコードと読み手の読解するコードは必ずしも対象形にはならないという、エンコーディング／デコーディング理論を確立した。このエンコーディング／デコーディング理論を援用することによって、勝手にオリジナル・ストーリーとは別のストーリーをつくりはじめる、日本の「やおい」族の登場も、説明が可能になるだろう。こうした研究はポピュラー文化研究、もしくはオーディエンス研究というくくりに入れられることも多いが、むしろ理論の源流をたどれば、マルクス主義批評、言語論的転回、ポスト構造主義、民族誌的転回、ポスト植民地主義批評、ジェンダー論的読解の混成された批判理論という要素が強い。

こうしたテレビジョン研究の流れのなかに、ジョン・フィスク、イエン・アング、デヴィッド・モーレーらがいる。たとえば、フィスクは『テレビジョン・カルチャー』の第13章「カーニバルとスタイル」において、ロシアの文芸批評家ミハエル・バフチンのカーニバル論を援用し、本章第3節にもある近未来ドラマ『マックス・ヘッドルーム』を、自由と統制とのあいだを行き来する境界侵犯的な存在であり、それらがカーニバル的な転倒をともなうがゆえに、メディア（媒介）を透明と考える誤謬から解放する力がある、と分析する。今の例はテキスト分析、表象分析の要素が強いが、アンナ・マッカーシーの『アンビエント・テレビジョン』は、テレビ・モニターが環境のなかに溶けこんで遍在するような形で、公共空間のなかに進出していることを数々の事例を上げて、その政治学を分析するという意味で、アートなどの美学的領域と「文化研究」の領域を接合している。

【参考文献】

高柳健次郎『テレビ事始――「イ」の字が映った日』（有斐閣／１９８６年）

Michele Hilmes ed, “The Television History Book”(British Film Institute, 2004)

ＮＨＫ放送文化研究所・監修『放送の20世紀』（ＮＨＫ出版／２００２年）

高柳健次郎の業績

http://www.jvc-victor.co.jp/company/human/

Hilmes ed, “The Television History Book”

Kenneth Bilby “The General: David Sarnoff and the Rise of Communi-cation Industry”（ HarperCollins / 1986)

William Boddy “Fifties Television: The Industry and Its Critics”（University of Illinois Press / 1990)

佐野眞一著『巨怪伝―正力松太郎と影武者たちの一世紀』〈上〉〈下〉（文春文庫／２０００年）初出は１９９４年、文藝春秋刊。

正力松太郎著『正力松太郎―悪戦苦闘』（日本図書センター／１９９９年）初出『悪戦苦闘』（早川書房／１９５２年）

Puddington, Arch “Broadcasting Freedom: The Cold War Triumph of Radio Free Europe and Radio Liberty” (University Press of Kentucky, 2003)

ジョナス・メカス著『メカスの映画日記―ニュー・アメリカン・シネマの起源１９５９―１９７１』改訂版（飯村昭子訳／フィルムアート社／１９７４年）

小野聖子・編『ヤマガタ・ニューズリール！』（山形国際ドキュメンタリー映画祭実行委員会、

http://www.city.yamagata.yamagata.jp/yidff/

ペーパータイガーＴＶのホームページ、

http://www.papertiger.org/

ビデオアクトのホームページ、http://www.videoact.jp/

ナム・ジュン・パイク著『あさってライト』（伊藤順二訳／ＰＡＲＣＯ出版局／１９８８年）

ナム・ジュン・パイク著『バイ・バイ・キップリング』（和多利志津子訳／リクルート出版部／１９８６年）

Paik, Nam June “Global Groove 2004” (Guggenheim Museum ,2004)

マイケル・ムーア著『華氏９１１の真実』（黒原敏行ほか訳／ポプラ社／２００４年）

Parks, Kumar ed., “Planet TV” (New York University Press, 2001)

岡村黎明著『テレビの21世紀』（岩波新書／２００３年）

吉見俊哉編『メディア・スタディーズ』（せりか書房、２００１年）

Williams, Raymond “Television : Technology and Cultural Form”, (Routledge, 1974)

Hall, Stuart “Culture, Media, Language”, (Routledge, 1986)

ジョン・フィスク著『テレビジョン・カルチャー』（伊藤守ほか訳／梓出版社／１９９６年）

McCarthy, Anna “Ambient Television ” (Duke University Press, 1999)

第9章 コンピュータ・グラフィックスからVRへ

野々村文宏

1

第二次世界大戦後、冷戦下のアメリカからはじまる

ヴァネヴァー・ブッシュとMEMEX　コンピュータ・グラフィックス、ヴァーチャル・リアリティ（VR）、インターネットなど、デジタル技術革新は第二次世界大戦後のアメリカが先導してきた。その背景には、アメリカが、第二次世界大戦前から戦中にかけて、ヨーロッパから亡命したユダヤ人やリベラルな科学者・芸術家たちを戦略的に受けいれてきた事実がある。そのなかでもっとも大きな計画が、アメリカ人ロバート・オッペンハイマーのもと、ヨーロッパから来たエンリコ・フェルミ、フォン・ノイマンらを結集した「マンハッタン計画」（原爆開発）であった。このほかにも、暗号解読や弾道計算など、第二次世界大戦中、アメリカの科学者たちは総動員体制に置かれていた。その総指揮を取ったのが、ヴァネヴァー・ブッシュである。ブッシュはルーズヴェルト大統領の科学顧問として米軍科学研究開発局を創設、局長に就任し、六千人以上の科学者を総指揮した。そのブッシュが、一九四五年、終戦直前にアトランティック・マンスリー誌に発表した論文が「AS WE MAY THINK（われわれが考えるように）」である。彼の論文は、近未来の知識労働社会と情報の過飽和状態に向けて、科学技術が進むべきひ

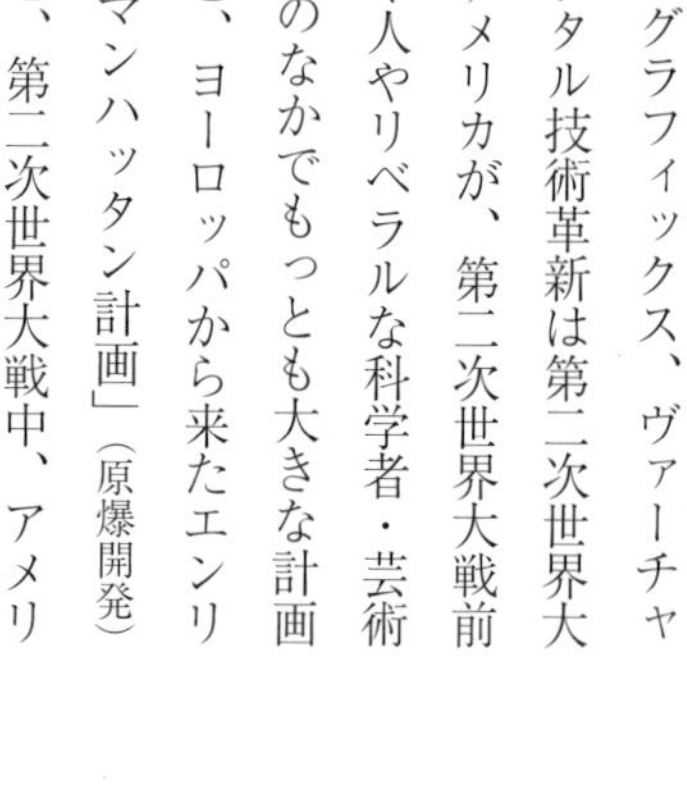

ヴァネヴァー・ブッシュと彼が1931年につくった階差機関（Zachary, G. Pascal Endless "Frontier" MIT Press, 1994）より。

とつの方向を示していた。この論文でブッシュが提唱したシステム、MEMEXとは、オフィスの机に個人単位で、いまでいうワークステーションが置かれ、過去の研究情報が検索できるシステムだった。しかも、図書館のコード検索のような検索だけでなく、文書から連想検索ができる、文書と文書の関係が記録され、後からたぐり寄せることができるなどの特徴まで考えられていた。ただし、当時の科学技術では、MEMEXは実現することの不可能な「夢の機械」だったのである。しかしながら、この論文が世に出ることによって、あるひとつの目指すべき道が提示されたといえるのだ。

J・C・R・リックライダーとインターネットの起源　音響心理学者だったJ・C・R・リックライダーは、一九五九年に米国防総省に開設されたARPA（高等研究計画局）のIPTO（情報処理技術部）初代部長に就任した。リックライダーは一九六〇年に「人間とコンピューターの共生」という論文で、時分割処理（タイムシェアリング）システムの端末を対話型インターフェイスで操作する人々の共同体を「銀河系ネットワーク」構想として描いたとされる。そして、これがインターネットの起源であると語られ、そのため、リックライダーはインターネットの祖父とされることが多い。しかし、喜多千草は『インターネットの思想史』で、丹念に現地資料を漁り関係者へのインタヴューを繰りかえし、このような単線的な歴史の神話化に対して留保をつけて別の歴史像を提示してみせた。インターネットの起源とリックライダーがまったく無関係だったわけではないが、彼の「銀河系ネットワーク」構想は、彼がプロデューサーとして、巨大な産官軍複合体から多額の研究資金を引きだすために描いた絵の側面が強くあり、実際の開発は、複数の開発思想が部分的には対立しながら、ひとつの技術的アジェンダとして提示され完成されていったというのである。さらに、もともと実験心理学者だったリックライダーは、巨額の予算を上手に引きだすことによって、人間と機械の混成するコミュニケーションに関する学問の新領域創成を目ざしていた向きが強かった、とも指摘している。たとえば、リックライダーが考えていた未来のネットワークは、巨大なコンピュータを複数の人間が端末から時分割処理して共有するイメージであった。対して、一九五〇年末にリックライダーがリンカーン研究所で知りあったウェズレイ・クラークは、より現在のインターネットに近い、小さなコンピュータが自律分散的につながっていく様をイメージしていたという。アジェンダとは「会議事項」とも「議題」、「政策」とも訳されるが、ここでは、ひとつの技術がある方向にしたがって開発される際の共有目標やそのために複数の研究者間で合意された事項と理解しておこう。歴史は複雑で多層的で、ときにはねじれているのだ。

ダグ・エンゲルバートとＮＬＳ　電子工学者のダグ・エンゲルバートもまた、この章の冒頭に書いたヴァネヴァー・ブッシュの論文を読んで刺激された優秀な研究者のひとりだった。エンゲルバートは大学卒業後、電子工学分野でのさまざまな経歴を経て、一九六二年に「人間の知性の増幅のための概念的枠組み」という論文を書いている。単なる計算の自動化（オートメーション）ではなく、「人間の知性を増幅する」（オーグメンテーション）道具としてのコンピュータのめざす道を、当時スタンフォード研究所（ＳＲＩ）に在籍していたエンゲルバートは一九六八年にサンフランシスコで開かれた「秋期合同コンピューター会議」で、三〜四千人の聴衆を前にプレゼンテーションした。彼がＮＬＳ（oN Line System）と名付けたシステムには、マウス、マルチ・ウィンドウ、ビット・マップ・スクリーン、電子メールシステム、ファイルの階層化構造など、現在のパーソナル・コンピュータの原型となる要素がほとんど含まれていたのである。そして、このプレゼンテーションを見ていた者のなかには、アラン・ケイら、のちに重要な開発を手掛ける研究者たちも多く含まれていた。このように、第二次世界大戦中にはじまり戦後、冷戦下の国策として成長し続けてきたアメリカの情報科学は、七〇年代を目前にして、新たな転回点に向かいつつあった。

2

最初のコンピュータ・グラフィックスが誕生するまで

クロード・シャノンとbitの概念　MITリンカーン研究所に在籍したクロード・シャノンは、アラン・チューリングやフォン・ノイマンと並び称される現在のコンピュータの祖のひとりである。シャノンは、情報という目に見えないものに単位を与えた。電話は交換手の登場により線路（lines）ではなく網の目（Network）として利用され普及した。大学生だったシャノンは、電話網に使われるリレー回路に興味をもった。一九三〇年代の電話交換機システムは電子式ではなく機械式であり、これをより効率よく自動化できないかと考えたのだ。現在では、コンピュータの内部で「0」と「1」の二進法が使われていることは誰もが知っていると思うが、シャノンは一九三七年にMITの修士論文で「継電器（リレー）とスイッチ回路の記号論的分析」を書き、はじめて、ブール代数が電気回路で構築できることを証明したのだ。ブール代数とは、二値判断の組みあわせで「真」か「偽」を判断する論理体系だ。ここで重要なことは、十九世紀にジョージ・ブールが発案したブール代数は、シャノンが指摘するまで、一世紀近く数学の本流から外れた傍流だったことだ。シャノンは続いて、戦後一九四八年に書いた論文「通信の数学的理論」で、画期的な「情報量」という概念を確立した。「情報量」の単位はビット（b・i・t）という現在われわれが慣れ親しんでいる単位である。デジタルとはもともと「指（digit）」から出発して、指折り数えることができるという意味をもち、離散的な性格をもつとされている。いっぽう、「類推する」「類似する」（analogize）が語源のアナログは、連続量と訳される。つまり、あるものに定規のようなものを当てて類推するという概念である。われわれは現在、データをビット、バイト（1バイトは8ビット）の単位で表している。MITメディアラボを創設したニコラス・ネグロポンテは有名な「アトムからビットへ」というスローガンで、情報化社会における価値の転換を表したが、そのおおもとの概念をつくったのがシャノンだというわけだ。

シャノンの頭脳は、情報量の概念を考えつくにとどまらず、五〇年代に論文「チェスのためのコンピューター・プログラミング」を生みだした。一九九七年、はじめてIBMのチェス・プログラム「ディープ・ブルー」が、チェス全世界チャンピオンのゲイリー・カスパロフに勝利したが、さかのぼること三〇年以上前、一九五〇年代にシャノンの研究室で助手として働いていたのが、のちの人工知能の代表的研究者マーヴィン・ミンスキーとジョン・マッカーシーである。人工知能（AI）研究もまた、シャノンの研究室から出発したのだった。シャノンはチェスのプログラムのほかに、自分で学習し迷路を抜けだすことを考える学習ネズミロボットを制作し続けた。そういえば、最晩年のキューブリック監督がなしとげられなかった、人工知能の存在をピノキオの寓話として描く映画をキューブリック監督から引きつぐかたちで完成させたのは、スティーブン・スピルバーグ監督だった。その映画『A．I．』は二〇〇一年に公開されている。

アイヴァン・サザランドと「スケッチパッド」の誕生　MITの大学院生だったアイヴァン・サザランドは、リンカーン研究所の当時最新鋭のコンピュータTX―2を使い、「スケッチパッド」を開発した。一九六三年に発表された「スケッチパッド」が画期的だったのは、ちょうど画家が画布や画用紙に絵筆を使って描くようにライトペンで絵（線画）を描くことができることだった。それまでのブラウン管モニターは、キーボード入力とセットになって、ヨコ何文字タテ何行という、いまでいえばワープロのような決まりきった文字メッセージの受けわたしの場所だったのだ。では、スケッチパッドはなんのために開発されたのか。MITリンカーン研究所は、五〇年代にSAGE計画のソフトウェアを計画設計する中心だった。第6章第5節にあるように、SAGEとは、敵の爆撃機が北米大陸航空圏に侵入するのを早期に察知し迎撃命令を下すための防空システムである。そこでは人間の一瞬の判断の遅れが事態の結果を左右する。ライトペンとブラウン管を使った対話型システム「スケッチパッド」は、防空圏の情報を人間が瞬時に

スケッチパッド

的確に把握し、命令をより速く正しく機械に与えるためのマン・マシン・インターフェイスだったのだ。インターフェイスとは「界面」と訳され、なにかとなにかがコミュニケーションするための境界面という概念である。この後に触れるVRもそうなのだが、コンピュータとヴィジュアルに関する研究やマン・マシン・インターフェイスの開発は、軍事目的を中心に進んでいく。

冷戦時代にわれわれの想像力を刺激してやまなかった「未確認飛行物体」（UFO）とは、レーダー防空圏で正体が識別できない飛行物体に名づけられた名前である。ちなみに、当時、SAGEを導入した北米防衛司令部（NORAD）は現在も存在する。子供たちによく知られているNORADのプログラムは、サービスとして、一二月二四日に北極海からトナカイに乗って空をかけるサンタ・クロースを追跡しWeb上で報告するプログラムである。

「スケッチパッド」を開発したサザランドは、J・C・R・リックライダーの後任として、一九六四年から弱冠二六才の若さで、IPTOの第二代部長となり、六六年まで同職を勤めた。その後、サザランドは一九六八年にユタ大学へ移ったが、これを契機にユタ大学は七〇年代にCG研究のメッカとなる。現在のCGの基礎となるアルゴリズムは、ほとんどこの時代にユタ大学でつくられたものだ。

歴史の転換 マッキントッシュとインターネット

アラン・ケイと「ダイナブック」　アラン・ケイは、ユタ大学大学院で「スケッチパッド」のアイヴァン・サザランドに師事し、一九六八年に「ダイナブック」構想を発表したことで知られる。いまでこそ、某日本メーカーの商品名となっているダイナブックだが、もともとはケイが発案した未来のコンピュータのことだった。ケイは、ダイナブックを、「A４判サイズでもち運びができるコンピュータで、新聞の文字程度の活字が画面表示可能な解像度のディスプレイをもち、対話型で、誰もが簡単に文書を書き、絵を描き、音声入出力ができ、幼児でも操作可能な程度のもの」と想定した。いま読めば、目の前にあるノート・パソコンのようにも感じるだろうが。歴史的には、六〇年代末にケイが描いた「ダイナブック」構想の具現化に向けて、ノート・パソコンが開発されてきたといえる。

ケイは「ダイナブック」構想発表後、人工知能研究に興味をもち、MITのマーヴィン・ミンスキーやシーモア・パパートたちと接触し、ジャン・ピアジェの発達心理学に影響を受けたプログラミング言語「LOGO」の可能性を探る。のちに、幼児向け創育玩具で有名なレゴ社は、MITメディアラボのシーモア・パ

アラン・ケイ（写真提供：稲盛財団）

パートの研究室との提携により、一九九八年に「レゴ・マインドストーム」という、ロボットを組みたててプログラムする玩具を発売する。「マインドストーム」とは、パパートの主著の名である。

ゼロックス社PARCとAlto　一九七〇年にはゼロックス社が、次世代の情報処理のアーキテクチャーを研究するために、パロ・アルト研究センター（通称PARC）を設立する。PARCの初代所長には、リックライダー、サザランドに続いてARPAの第三代IPTO部長だったロバート・テイラーが、ユタ大学を経由して着任した。ここにまた役者が集まってきた。テイラーはIPTO時代、数多くの大学、研究機関に資金援助をしていたので、全米の優秀な研究者のほぼ全員と顔見知りだったのである。そのなかには、もちろん、「オーグメンテーション」のダグ・エンゲルバートも含まれていた。また、テイラーこそ、一九六九年に四つの研究機関をつないだARPANET、つまり現在のインターネットの源流にあたるものの直接の推進者であった。

アラン・ケイもまた一九七二年にPARCに着任する。ケイはマクルーハンのグローバル・ヴィレッジに関する数々の論文を繰りかえし読んでいた。PARCには全米で突出した若手研究者やハッカーが次々と呼びよせられ、自由な労働環境と高性能のハードウエアと潤沢な資金で研究をはじめていた。

そして一九七三年、Ａｌｔｏと呼ばれるコンピュータが誕生する。Ａｌｔｏはマウス、ビット・マップ・スクリーン、マルチ・ウィンドウ・システム、電子メールシステム、オブジェクト指向言語smalltalkなどを備えていた。

時代はマイコンからパーソナル・コンピュータの時代に入りつつあった。一九七七年に発売されたApple-IIが翌七八年に爆発的に売れ、当時意気揚々だったアップル社のスティーブ・ジョブズは、一九七九年に訪れたＰＡＲＣでＡｌｔｏと出会って感嘆し、さっそくＡｌｔｏのようなスーパー・パーソナル・コンピュータをつくりはじめた。一九八二年に発売されたＬＩＳＡ（リサ）は、一千ドル近い高値が災いして売れなかったが、一九八四年にマッキントッシュが発売されたときは市場に熱狂的に受けいれられた。

アラン・ケイは、一九七七年に発表した家庭用ゲーム機アタリＶＣＳの大ヒットで知られるアタリ社と、一九八一年に専属契約を結びヴィバリウム・プロジェクトという一種の人工生命プロジェクトを研究していた。また、一九八四年に、アップル社に移籍し特別研究員（アップル・フェロー）となった。最近では、子供の教育のための新しいプログラミング言語Squeakをつくり、情報科学界最高の賞であるＡＣＭチューリング賞を二〇〇三年に、稲盛財団の主宰する京都賞の先端技術部門情報科学分野を二〇〇四年に受賞している。

ゼロックス社Ａｌｔｏ

ETHERNETからインターネットへ　ゼロックスPARCのもうひとつの大きな功績は、イーサネット（ETHERNET）というネットワーク接続技術をつくったことにある。ロバート・メットカーフという研究者が、PARCに置かれていた百台あまりのAltoを接続するための手段として開発し一九七六年にはゼロックス社が正式に規格として提唱したイーサネットは、LAN（ローカル・エリア・ネットワーク）のはじまりだった。また、この章でたびたび出てくるARPANETでは、パケット通信方式が採用されていた。パケット通信とは、データを小さなまとまりに分割してひとつひとつ送受信する方法で、分割されたひとつひとつをパケット（パケツの意味）と呼ぶ。ARPAは、一九七二年に国防専門の研究開発機関DARPAに組織変更されるのだが、ARPANET、DARPANETのうえに、一九八六年から全米科学財団のNSFNETが乗り、一九九〇年前後から一般利用や商用が増えはじめ、現在のインターネットとなっていく。インターネットとは、ネットワーク間のネットワークという意味で、本来ばらばらにあったLAN同士をつなぐ、いわばLANの上位概念だ。UNIX OSを使ったサン・マイクロシステムズ社のワークステーションが普及すると、それに採用されていたTCP／IPという、コンピュータとコンピュータをつなぐプロトコルが事実上の標準となり、これによってインターネットは爆発的に普及したのである。

4　VRとコンピュータ・ゲーム

VRの起源　VR（ヴァーチャル・リアリティ、仮想現実感）の定義は、おもに、人間の身体と入出力装置がつながって、コンピュータのつくったデータ空間に主体が入ったかのように感じさせる装置や環境を指していう。VRの初期には、そのような環境下での体験を「没入的」（immersive）体験とも呼んだ。この源流にもまた、CGの父アイヴァン・サザランドがいる。サザランドは、ユタ大学に招かれた一九六八年、ゴーグル・タイプのHMD（ヘッド・マウンテッド・ディスプレイ）を発表した。また、まったく別のルーツから、モートン・ハイリグという発明家は、撮影用に二台の三五ミリカメラを連結し、シネラマ（ワイド画面の映画投射方式）の立体視版といえる映像を撮影し、さらにそれを観客ひとりが頭を突っ込む形の「センソラマ」という視覚からくり機内に投影した。一九六四年に登場した「センソラマ」は、十九世紀のパノラマ館や全体験劇場とエジソンのキネトスコープの合体したような、テレビゲーム登場以前の疑似体験ゲーム機だった。「センソラマ」はいまのコンピュータ・ゲームのような高度なインタラクティブ性はもちえなかったが、香料を使って匂いまで出すことからわかるように、全体験劇場を志向し

NASAエイムス研究所のVRシステム

ていた。また、それとはさらに別に、ヴィデオ・アーティストのマイロン・クルーガーは、一九七五年に『ヴィデオプレース』というインタラクティヴなビデオ作品をつくり、一九八三年に『Artificial Reality』（人工現実感）という本を書いた。このようにＶＲの源流に、ＣＧ（工学）、エンターテインメント産業（映画、ゲーム）、アートの三つがあったことは、その後のＶＲの注目のされ方ともつながっていて、たいへん興味深い。

ＶＲが注目されるようになったのは、一九八五年から一九九〇年にかけて、ＮＡＳＡエイムス研究所でスコット・フィッシャーらによって、宇宙飛行師の訓練のための仮想環境ステーションＶＩＥＷが開発されたのと、孤高の天才プログラマ、ジャロン・ラニアーがＶＰＬ社を起こしＲＢ２というＶＲ開発ツールをつくって販売したあたりからである。スコット・フィッシャーは、エイムス研究所以前、ニコラス・ネグロポンテ率いるＭＩＴのアーキテクチャ・マシン・グループに属し、実写版ヴィデオ・ディスクとコンピュータをつなげてコロラド州アスペンの街を対話型に紹介する『アスペン・ムービー・マップ』を一九七九年に開発していた。この頃から、デジタル情報がつくる「空間」に研究者たちの注目が集まっていたといえるだろう。アーキテクチャ・マシン・グループはその後、ＭＩＴメディアラボの母胎になっていった。九〇年代初頭は工学の世界もアートの世界も、さらにサイバー・アンダーグラウンド・カルチャーまで巻きこんだかたちで、ＶＲの可能性に熱い注目が注がれていた。ＶＲは現在では、医療分野などで実用化されている。さらに、ＶＲは遠隔地をつないで視覚情報などを相互的にやり取りするという意味から「テレプレゼンス」（臨場感通信）とも呼ばれる。原発の内部や海底など人間の立ちいることが難しい領域で活動する極限作業ロボットを遠隔操作するための研究もさかんに行われている。また、北米の一部のメディア・アーティストたちは北米先住民の記憶の痕跡を仮想環境上に再現しているし、ジェフリー・ショウらヨーロッパのメディア・アーティストたちもまたＶＲの没入環境を使って、アメリカ資本主義的価値観とは一線を画すアートとしての作品をつくりつづけ、一定の「対案」を提示している。

コンピュータ・ゲームの草創期

九〇年代初頭にＶＲが注目された背景には、マン・マシン・インターフェイスの問題が大きくあったと考えてよい。若き日のアラン・ケイが、サザランドのスケッチパッドをはじめて観たときに興奮したように、より人間の身体感覚や運動感覚に近い入出力装置をもつ環境が求められてきたのである。このことはコンピュータ・ゲームの起源と関係して考えるべきであろう。世界最初のコンピュータ・ゲームについては、諸説があるが、もっとも有力なのが、一九六二年にＭＩＴの学生だったスティーブ・ラッセルがＰＤＰ－１上で開発した「スペース・ウォー」だったという説である。六〇年代中盤、Ｍａｃ

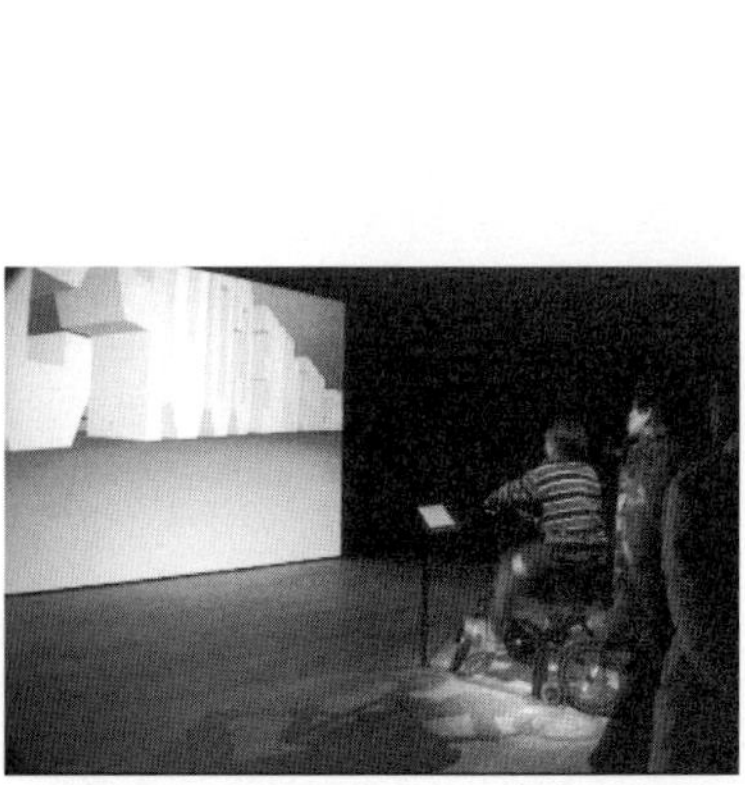

ジェフリー・ショウ『レジブル・シティ』。ＣＧによる文字で構成された仮想のアムステルダムの街を、自転車型のインターフェイスを操作してめぐる作品。テキストはアムステルダムに関する古文書などからとられている。（撮影：有馬純寿）

計画と称してＭＩＴに集められた天才プログラマ少年たちは、その当時最高のコンピュータを時間無制限で使えたために、実際の研究開発とは別にコンピュータ・ゲームのプログラミングをして遊んでいた。ひとつに、これがプログラマたちの文化として連綿と受けつがれていった。世界最初の商用コンピュータ・ゲーム（ビデオ・ゲーム）をつくったノーラン・ブッシュネルは、ユタ大学の卒業生だった。ブッシュネルは一九七一年に「コンピューター・スペース」をつくり、アタリ社を創設、同年に「ポン（pong）」というゲームを発売し大ヒットした。またアタリ社は一九七七年にカセット式の家庭用ゲーム機アタリＶＣＳを発売し、世界で最初に普及した家庭用ゲーム機となった。また、日本でもアーケード用のヴィデオ・ゲームが次々と発売されていき、一九七八年にはタイトー社「スペース・インベーダー」の大ヒットを迎える。そして一九八三年には任天堂が「ファミリーコンピュータ」を発売し、世界的大成功をおさめた。このあたりまでが、コンピュータ・ゲームの草創期から普及期にあたるだろう。ＶＲとコンピュータ・ゲームは、身体感覚や空間性において多くの共通点をもっていたといってよい。

5

ハイパーテキスト、WEBと新たな公共圏

ハイパーテキストとWEBの創成　第9章第1節にあげた夢の機械MEMEXが実現するために重要な技術与件のひとつは、知識の検索であった。人間が連想して記憶をたぐりよせるような検索システムを、コンピュータに記録した文書に適用できないだろうか。

かつて、文豪マルセル・プルーストが紅茶に浸した菓子マドレーヌを口にした瞬間に忘れていたさまざまなことを思いだしたような、五感を駆使した多元的なイメージ連鎖による想起（長編小説『失われた時を求めて』）は難しいが、テッド・ネルソンは一九七四年に自費出版した著書『Computer Lib』のなかで、キーワードのリンクによって他の文書を引きだしてくるハイパーテキスト構造を提案した。テッド・ネルソンは七〇年代に世界で初めて、ハイパーテキスト構造でリンクされた世界規模の図書館を空想し、このシステムに「ザナドウ（桃源郷）」と名前を付けた。ここからハイパーテキストの歴史が始まったのだ。

この章の第3節に述べたように、歴史的にみて、インターネットはDARPANETのうえに全米科学財団のNSFNETが乗るかたちでしだいに発展してき

た。つまり、その源流は軍事利用をのぞく科学知識の共有であり、科学者・研究者の多数の主体による世界規模の図書館が構築されつつあったのである。

ティム・バーナーズリーはＣＥＲＮ（欧州素粒子原子核研究所）に勤務していた千九百八十九年から、世界規模のハイパーテキスト構造の提案とブラウザの開発に着手した。そして、ハイパーテキスト・マークアップ言語（ＨＴＭＬ）とそれによって書かれたデータを送受信するハイパーテキスト転送プロトコル（ＨＴＴＰ）の仕様を提案した。バーナーズリーは、この構造を「世界規模の蜘蛛の巣」、World Wide Webと名づけた。ここに、現在、われわれがその恩恵にあずかっているＷＷＷが生まれたのである。また、イリノイ大学の学生だったマーク・アンドリーセンは、千九百九十二年秋にＷＷＷ閲覧（ブラウズ）のためのソフトＭＯＳＡＩＣ（モザイク）、のちのＮｅｔｓｃａｐｅブラウザをつくり、翌年、一般に無償公開した。このブラウザによって、ＷＷＷの一般への普及が加速した。

しかしながら、『失われた時を求めて』におけるマドレーヌの例を持ちだすまでもなく、われわれ人間の記憶と想起のシステムは、より多元的で意味論的な関連がある。今日までわれわれはその驚異的な発展と急速な普及に十分に驚かされてきたが、生まれてからまだ一五年ちょっとのＷＷＷは草創期のメディアで、別の角度から見てみれば、まだ画像を連想的に検索することすらできない未熟なメディアだともいえる。その意味で、ＷＷＷは進化していかなければならないし、さらに進化していくはずである。ここに、開発者やメディア・アーティストが、未来へ向けた投企的なプロジェクトに創造的に参加する可能性があるといってよい。

贈与経済とデジタル資本主義　新たな公共圏　このようにインターネットの歴史を見ていると、知識の共有化と互助的な社会像の理念が見え隠れする。もともと科学者やコンピュータ技術者には、デザイナーとして社会にとって有益なツールをつくりそれが普及することをもって喜びとする価値観が強かった。また社会学者マックス・ウエーバーが指摘した、キリスト教のプロテスタント精神と通底する資本主義社会における「労働」の意味を、デジタル時代において再度とらえ直す機運が高まってきた。初期のハッカーたちは、自分たちを、ただシステムを破壊するだけの犯罪的なクラッカーとは存在論的に違うと考えていた。そうしたハッカーたちのカリスマのひとりが、コピーライトをもじってコピーレフト（コピー左翼）を標榜し、フリー・ソフトウエアのGNU（グニュー）プロジェクトを推進し、のちにフリー・ソフトウエア財団を設立したリチャード・ストールマンである。

また、フィンランド・ヘルシンキ大学の学生だったリーナス・トーヴァルズは、一九九一年に、設計情報をすべて公開し無償で配布する基本ソフトの核となるプログラムを書き、インターネットを通じて世界中のプログラマーたちに開発協力を呼びかけた。この無償ＯＳはたちどころに世界に広まり、いまやＬｉｎｕｘ（リナックス）として一大勢力をなすにいたった。こうした、ほんらい隠されているはずのソースコードを公開することによって開発者が参加しやすいものにしていく思想を、オープンソースの思想という。また、無償で他者に有形無形のものを与える経済を贈与経済といい、自由市場の形成発展に有効なひとつの手段だとされている。と同時に、「贈与」は、人類学者マルセル・モースが『贈与論』で分析した、人類に共通で古来より存在する営為なのだ。

メディア産業と資本主義が発達すると、あらゆる画像、音楽に著作権がついてくる。ひとつの引用をするたびに課金される社会が登場するかのようである。そうかと思えば、いっぽうで、デジタルの本質である、コピーしても品質が劣化しないなどの特徴から、ネット上の違法コピーのアンダーグランド市場が急速に形成された。そこで、文化の構造を支える社会の共有財の領域を残していこう、と考えたのが、サイバー法の研究者ローレンス・レッシグが『コモンズ』という著書で説く、クリエイティブ・コモンズという領域概念である。先ほどのマルセル・モース『贈与論』の例を引くまでもなく、デジタル社会の到来以前に、コモンズ、つまり公共性なり公共空間の議論は社会学、法学の分野でずっとなされてきた。人間（人類）には、変わらない部分がある。過去を調べることは無意味ではない。

参考文献

Zachary, G. Pascal "Endless Frontier : Vannevar Bush, Engineer of the American Century" (MIT Press, 1994)

ハワード・ラインゴールド著『思考のための道具』(栗田昭平、青木真美訳／パーソナルメディア／１９８７年)

西垣通ほか著『思想としてのパソコン』(ＮＴＴ出版／１９９７年)

喜多千草『インターネットの思想史』(青土社／２００３年)

Waldrop, Mitchell M. "The Dream Machine: J. C. R. Licklider and the Revolution that Made Computing Personal" (Penguin, 2001)

ケイティ・ハフナー、マシュー・ライアン著『インターネットの起源』(加地永都子、道田豪訳／アスキー／２０００年)

シーモア・パパート著『マインドストーム――子供、コンピューター、そして強力なアイデア』(奥村貴世子訳／未来社／１９９５年)現在、絶版

マーシャル・マクルーハン、ブルース・R・パワーズ著『グローバル・ヴィレッジ』浅見克彦訳、青弓社(２００３年)

マイケル・ヒルツィック著『未来をつくった人々―ゼロックス・パロアルト研究所とコンピューターエイジの黎明』(鴨澤眞夫ほか訳／毎日コミュニケーションズ／２００１年)

橋本典明著『メディアの考古学』(工業調査会／１９９３年)

アラン・ケイ著『アラン・ケイ』(鶴岡雄二訳／アスキー／１９９２年)

Krueger, Myron "Artificial Reality II" (Addison-Wesley, 1991)

マイケル・ベネディクト著『サイバースペース』(ＮＴＴヒューマンインターフェース研究会／鈴木圭介、山田和子訳／ＮＴＴ出版(１９９４年)

マイケル・ハイム著『ヴァーチャル・リアリズム』(小沢元彦訳／三交社／２００４年)

伊藤俊治著『電子美術論』(NTT出版／１９９９年)

ニール・ランダール著『インターネットヒストリー』(村井純、村井佳世子、田中りゅう訳／オライリー・ジャパン／オーム社／１９９９年)

ティム・バーナーズ・リー著『ＷＥＢの創成』(高橋徹訳、毎日コミュニケーションズ／２００１年)

リチャード・ストールマン著『フリーソフトウエアと自由な社会』(長尾高弘訳／アスキー／２００３年)

ローレンス・レッシグ 『コモンズ』(山形浩生訳／翔泳社／２０００年)

第10章

デジタル・レボリューション

野々村文宏

1

地球規模の計算連続体へ向けて

ユビキタスな社会　では、デジタル化社会の将来はどうなってゆくのだろうか？　インターネットの普及の先として、いま注目されている概念のひとつに、ラテン語の「遍在」をあらわすユビキタス（Ubiquirous）という言葉を使った、ユビキタス・コンピューティングという概念がある。最近、Ubicompとも略されるこの言葉は、一九八〇年代後半にゼロックス社パロ・アルト研究センターのマーク・ウェイザーによってはじめて提唱されたその後、多くの研究者が彼の概念を継承拡大し、「いつでも」「どこでも」「計算継続可能な」コンピューティングを目指していった。この思想は、コンピュータとそのネットワークにつながるＩＤさえもっていれば、ちょうど切れめのない思考のように、地球上のいかなる場所でいかなる時間でも計算・情報処理を続けることができるというものである。携帯電話などの小型情報端末と公衆無線ＬＡＮサービス（ホットスポット）の急速な普及によって、この青写真が一歩ずつ実現に近づいてきている。そして、それを操作する人間が端末を携行するためには、機械を小型軽量化させなければならない。そのため、身体につけるアクセサリーのようなウェアラブル・コンピューティングの実用化に向けての実験も進んでいる。また、これまでのバーコード管理より徹底した形で、食肉や野菜などに非接触で検知可能な無線ＩＣタグ（ＲＦＩＤ）をつけ、商品流通情報を追跡管理しようとする動きもある。このような近未来社会の総体を指して、ユビキタス社会と呼ぶ。

　ユビキタス社会を実現するためには、インターフェイス開発などで、操作する主体の側にホスト・コンピュータの存在やネットワーク接続の手間を意識させない、いわばシームレスな操作環境を実現する技術の実現が課題となる。

　ふりかえれば、近代以前には、いまほど時間と空間の概念がはっきり分節化されていなかった。美術史家アーウィン・パノフスキーが『ゴシック建築とスコラ学』で精緻に分析したように、中世の建築家たちは、人間の知覚を通じていわば「体験」として理解される表象において、時間と空間がはっきり分化されないことを熟知して、局所での知覚体験が襞（ひだ）のように全体に組みこまれている構造を大聖堂の設計に生かしていた。このような近代以前の、時間と空間の不可分な状態を、事物や知覚の「連続体（Continuum）」とも呼ぶ。Continuumとは、数学では有理数と無理数を合わせたすべての実数の連続体のことであり、生態学ではさまざまな種個体群の重なりが暫時的に変化していく群集連続説のことである。ユビキタス・コンピューティングは、時空連続体ならぬ、計算連続体、あるいは時空計算連続体ともいうことができるだろう。

ネットワークでつながった分散型の主体

また、インターネットの普及は、ネットワークによって分配された情報を複数のコンピュータが計算可能な状況を生みだした。そのなかで、インターネットを通じて世界中のコンピュータの計算していない時間、つまり計算力の剰余を利用しようというプロジェクトが生まれた。それがSETI@homeプロジェクトである。もともとSETIとは、電波望遠鏡に届くはるか彼方の宇宙の電磁波を分析して高度な知能を持った生命体から意図的に発信された電波を発見しよう、という荘大でロマンティックなプロジェクトである。このプロジェクトは、もし地球人と同等かそれ以上に高度な知性をもった生命体がこの宇宙のどこかにいるとすれば、その存在を示す電波を定期的に送っているに違いないという仮説にもとづいている。アメリカ宇宙計画の指導者的存在であるカール・セーガン博士も情熱を傾けたこのプロジェクトは、ジョディ・フォスター主演のハリウッド映画『コンタクト』（一九九七年）の題材にもなっている。ただし、分析に必要な計算能力は膨大なもので、プロジェクトは長い歴史のあいだにしばしば規模が縮小される曲折を経てきた。ところが、この種の問題は、計算する「主体」の概念をとらえ直すことによって思わぬ解決法を発見することがある。九九年にカリフォルニア大学バークレイ校のダン・ウエルシマー教授が、インターネットを利用したSETI@homeプロジェクトを提唱すると、たちまち会員が増加して、現在は世界中で四五〇万人の会員を擁するようにまで急成長した。このホームページからダウンロードできる解析ソフトウエアはスクリーンセーバーで、それが画面上にあらわれているあいだは、裏で解析ソフトが計算しているという仕組みだ。きわめてエコロジカルでボランタリーな発想であろう。

SETI@homeプロジェクトから出発して、こうした思想をさらにオープンにしていこうという考えがBOINCプロジェクトだ。このプロジェクトは、多大な計算集約量を必要とする研究者に、インターネットを介して世界中のコンピュータの余っている計算時間を提供しようとしている。

このように、地球を覆うコンピュータ・ネットワークのなかで情報のエコロジカルな交換・計算がなされるという「明るい未来」予測の一方で、ユビキタス社会には暗い側点もある。無線ICタグを装着した個人がどの地点にいるかいつでもわかるような状況は、たとえば認知症を抱えた高齢者に適用される場合などは社会的問題解決を生みだそうものの、われわれすべてがIDを背負って動きまわる状況ともなれば、まるで個体認識タグをつけた肉牛になったかのような、いわば人類の家畜化を連想させる未来像を生みだす危険性がある。

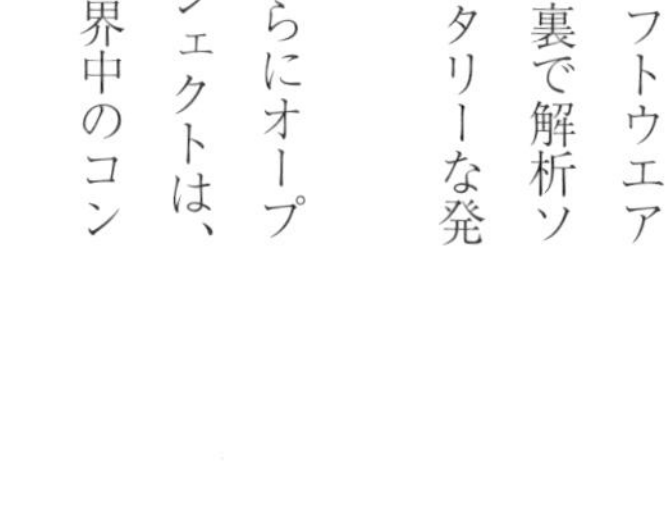

SETI計画ホームページより

2

写真は消滅するか？
テクノ画像の問題

機械の眼から電子の眼へ　写真の誕生から一世紀半以上が経ち、人類が獲得したレンズの眼とそれに映る像を記録する手段、つまり「写真術」はいよいよ新たな段階を迎えたといえる。第4章「写真と光学の時代」のアウトラインをなぞれば、「暗箱」＝カメラ・オブスキュラを成立させるために必要だった倒立図像のメカニズムに代わって、デジタル・カメラ（以下、デジカメ）ではCCD（電荷結合素子）によって「面」で像を受けられるようになった。これまでの銀塩カメラを一台でも持ったことのある人間ならば、それに対して、カード・サイズの薄さとなったデジカメや、携帯電話についているカメラの薄さに驚くだろう。また、CCDが感知した光は電子信号となるので、写真フィルムという化学変化をする媒体をもつ必要がなく、「感光（潜像）」→「現像」→「定着」という従来のプロセスを踏襲する必要がなくなった。CCDから出力された電子信号が回路を通る速さは、人間に時差を感じさせない速さである。また、写真フィルムの物質性に比べて、メモリ容量に制約はあるものの、デジカメの画像は前の画像を消去すれば容易に次の画像を記録保存できるためか、物質性を感じさせない。それまでの物質的な量の概念は、第9章第2節で述べたクロード・シャノンのつくった情報量（Bit）の概念に置きかわった。それでもまだデジカメの粒子が荒かった時代は、誰の眼にもわかるその点描タッチを、西欧絵画史における新印象派のスーラ『ラ・グランジャッド島の日曜日の午後』（一八八六年）の色彩分割法にたとえる余裕があったものだが、やがて記録できる画素数が上がってくると、デジカメは銀塩カメラをおびやかすような精度を持ちはじめてきた。写真評論家の飯沢耕太郎は、このような本質的な変化をとらえて、現場の実践的な感覚から「デジグラフィ」という造語を作って、1、改変性、2、現認性、3、蓄積性、4、相互通信性、5、消去性、という5つの特徴をあげている。

たしかに、精度だけではない。あらかじめ、RGBの光の三原色に置きかえられたデジタルな画像データは、コンピュータ上の編集ソフトウェアによって、色調、階調などを容易に変えられるし、その画像をいかようにもコラージュできることは、もはや常識となっている。ここにおいて、「かつて・ここに・あった」という言葉に代表される写真の証拠性は希薄になった。最大の社会的問題は、それまで写真を「事実」として扱ってきた、フォトジャーナリズムの価値なり信頼がより低くみられる危険が増したことである。もちろん、誤解なきよう付けくわえれば、第3章第4節で港千尋が述べているように、フォト・モンタージュ、コラージュなどは、モダニズム芸術のなかの前衛運動であるダダやシュールレアリスム、デザイン学校のバウハウスからロシア構成主義にいたるまで、さかんに実験された技法である。ただし、それは当時、実際の印画紙なり印刷物をハサミと糊で切り貼りする手仕事(ブリコラージュ)であり、手間もかかったし、それなりの技芸も必要とされたし、なによりその改変の痕跡は後から判別することが可能だった。それに対して、デジタルな画像データでは、その改変の痕跡が後から認められなくなるところが大きく違うだろう。

テクノ画像、テクノコードの誕生　ヴィレム・フルッサーは、第6章第4節の最後に述べたフランツ・カフカと同じチェコ、プラハのユダヤ人地区に生まれ育った哲学者である。フルッサーによれば、人間は、コミュニケーションの過程において二つの大きな変換を体験してきたという。ひとつは、第3章にあるように文字というコードの発明である。印刷術の発達がこれを大衆化させ普及させた。それに対して二十世紀以降発明された第二のコードが、写真、映画、ヴィデオ、CGをすべてくくった総称としてのテクノ画像と、それによるコミュニケーションのテクノコードであるという。

写真というスチル・イメージひとつを取ってみても、フルッサーの指摘するように、二十世紀はおそらくマス・メディアを中心として、テクノコードが文字コードを駆逐していく世紀だったのだろう。一九九一年、不慮の交通事故で二一世紀の到来を見ることができずに亡くなったフルッサーの長大なビジョンは、しかし、まさに今後に課題を残すことになった。テクノコードによるコミュニケーションは、現在、あまりに恣意的であり、流動的であり、不確かである。これから先、デジタル化によって出現しつつある統合環境のうえで徐々に整理され慣習化されていくのだろうが、二〇〇五年の現時点では、写真なら写真のコード、映画なら映画のコードというように、かつての分化されたジャンルの総資産とコードの体系に依拠しているほうが、精緻で洗練された意味の受けわたしができるとも考えられる。表現者になるのであれ、そういった表現の研究者になるのであれ、眼の前に広がるデジタル統合環境のうえで、いわば一からものをつくる／研究していくのか、それとも一生かかっても整理吸収しきれない過去の資産体系を掘りさげ会得していくのか、誰もが悩むところだろう。しかしそれを二項対立としてとらえるのではなく、ここで、本章の第一節で述べた生態学における群集連続説（Continuum）を、隠喩として適用できないだろうか。植生において、さまざまな種個体群の重なりが影響を与えあい、環境傾度によって暫時的に変化していく連続体仮説を、あくまで隠喩としてではあるが、さまざまなジャンルのテクノコードが関係しあう混乱した場に適用し、そのなかで生きぬく術を考えていく態度こそが新たな生産につながるはずである。

3

「未来の映画」を考える難しさ

「旅する映画」の時代の終わり？　本書のなかで何度も引用される哲学者ポール・ヴィリリオの文章は、ブラック・ユーモアの効いたアフォリズム（金言、箴言）にも読める。じっさい、ヴィリリオの文章は純粋に科学的な論文ではなく、ポスト・モダンの言説が引用する科学の概念・用語の間違いを手厳しく指摘したアラン・ソーカルとジャン・ブリクモンの著書『知の欺瞞』のなかでも批判されている。しかし、ヴィリリオの書いたものがコラムやエッセイの類であり、その隠喩に鋭い文明批評がふくまれていると思って読めば、メディアについて考えるうえで有益な指摘を受けるに違いない（ちなみに、あなたがこれから研究論文を書こうとする場合、科学概念・用語の濫用を慎むためにも、またポスト・モダンな言説の限界のひとつを知るうえでも、ソーカルとブリクモンによる同書は一読しておいたほうがよい）。

そのうえで、ヴィリリオが「映画は旅である」と言っていることに注意を払おう。ヴィリリオは、コロンブスによって一四九二年にアメリカ大陸が発見されたことと、同じ十五世紀、その少し前にイタリアでアルベルティらによってさかんに遠近法が研究されていたことを比較対置し、ヨーロッパにとってアメリカとは遠近法的な移動への欲望の対象であり、その移動を表象したものが、ハリウッド映画なのだと指摘する。ハリウッド映画は、西部劇やロード・ムービーから始まり、九〇年代のヤン・デ・ポン監督『スピード』まで、偽の地平線、代理（Representation＝表象）の地平線を描きつづけてきたのだ、とヴィリリオはいう。

ヴィリリオの言を待つまでもなく広く知られているところだが、初期映画においては「移動」や「旅」が大きな主題となっていた。人々は「まだ見ぬ風景」を「旅」によって知ることの疑似体験を映画に求めていたのである。たとえば、リュミエール兄弟は、日本もふくめ各地に技師を派遣して撮影した風景を上映し喝采を浴びていた。また、一九二二年に公開された初期ドキュメンタリー映画の傑作であるロバート・フラハティ『極北のナヌーク』は、ハドソン湾北部に暮らすイヌイット（先住民）の生活を撮影したものであった。しかし、フラハティ監督は最初、映画の編集のしかたをよく知らなかったという。それは当時、映画が円熟した文法をもっていない草創期のメディアだったという理由のほかに、もともとはフラハティの職業が探検家であったという理由が大きく関与していた。つまり、フラハティは映画の編集に試行錯誤を繰りかえしながら、結果として映画監督になったのである。そもそも、ドキュメンタリー映画というジャンルはイギリスの映画研究家ジョン・グリアソンが一九二六年にフラハティの映画『モアナ』を見たときに「ドキュメンタリー」という言葉を作りだしたことによってはじめ

ロバート・フラハティ『極北のナヌーク』（1922年）

て生まれたジャンルなのであって、それまで『極北のナヌーク』を含めてその種の映画はまさに「紀行映画」（トラベル・フィルム）と呼ばれていたのだ。

ひるがえって、現在、人工衛星からの画像が地球をくまなく探査し、まだ見たことのない光景など無くなってしまったかのようになると、人々が映画に代理させていた「未知の風景を見たい」という欲望の受け口が無くなってしまった。もしも、未到の大地があるとすれば、宇宙か、深海か。火山の火口から潜入した地球内部か、いっそミクロの視点で私たちの開口部から身体内部へ入ろうか。いや、それらすべてもまた、ハリウッドで映画化されてしまっているではないか。

透明性とデジタル・インターフェース　ポール・ヴィリリオ独特の造語のひとつに、「トランサパランス」（「超外観」「外観の移送交換」などと訳されている）という難解な言葉がある。これはトランスペアレンス（透明）、トランスポート（移動）、アピアランス（現われ、外観）などを組みあわせた造語だが、この言葉が生まれた背景は、ヴィリリオが建築出身だったことに大きく関係している。フランスのル・コルビユジェに代表されるモダニズム建築は、内部空間と外部空間の交錯する面――現代風にいえばまさにインターフェイス（界面）の扱い方を、ピカソやブラックなどキュビズム絵画の理論・技法から参照していた。のちにアメリカの建築史家コーリン・ロウは論文『透明性――虚と実』、で、透明性を、「虚」（この場合、視覚を通じて現象として認識される透明性）と「実」のふたつに分類した。ロウはこの論文で、透明性の概念をシカゴ・バウハウスでモホリ＝ナギの弟子だったジョージ・ケペシュの『視覚原語』から引用している。ここで透明性をめぐって、絵画、デザイン学校バウハウスにはじまる当時のメディア・アートと、建築の三者が結びつく。さらに、ジョージ・ケペシュはＭＩＴ高等視覚研究センターの初代所長に就任するが、その流れにＭＩＴメディアラボ議長のニコラス・ネグロポンテがいた。ここまでくれば、ネグロポンテが「アトム（原子）からビットの時代へ」というキャッチフレーズを好んで使う理由がよくわかるだろう。情報量、つまりビットという概念は、ＭＩＴにいたクロード・シャノンが造ったのだから。

このように、ネグロポンテとヴィリリオの言を併置して考えれば、現在のインターネット上で起こっているストリーミング映像、数えきれないほどの数の定点観測カメラ、ピープホール（覗き穴）などのトランサパランスな環境から新たな映像の形式が生まれてくる可能性はあるだろう。しかし、それらが、いずれ旧来の映画という構造に吸収されていくのか、それともまったく違う新しい映像のジャンルを形成するのかは、注意深く観察を続けていかないとわからない。

4

新たな公共圏について考える

土地にくくりつけられたものの「媒介」　さて、第10章第3節で述べたように、インターネット上のストリーミング（動画配信）技術が進歩し普及していくと、前出の「トランサバランス」な光景が、コンピュータのモニター画面上に登場する。かつて七〇年代初頭、現代美術の世界で、美術館に収蔵されうる「作品」の概念を越えた、大地に細工を施こすかのような「アース・ワーク」（ランド・アート）と呼ばれる作品群が登場したとき、評論家スーザン・ソンタグは『写真論』のなかで、これらのサイト・スペシフィックな作品群が写真という媒介項なしでは成立しないという鋭い指摘を行った。サイト・スペシフィックとは「その場所に固有な」という意味であるが、はるか彼方の土地にくくりつけられた造形群が広く世に知られるためには、逆説的に、なんらかの媒介項＝メディウム、メディアが必要とされたのである。同義反復になるが、メディアはアートを「媒介」するのである。

ひるがえって現在のインターネットでは、「ライブカメラ」「ウェブカム」と呼ばれる定点設置カメラからの動画配信によって、聖山の山頂から自然の変化を見る、清流の川底に泳ぐ魚の姿をとらえる、野鳥に人の気配を感づかれないようにバード・ウォッチングするなどが容易にできるようになっている。遠隔操作でカメラ・アングルを変えたりズームすることが可能になっている場合すらある。現在の私たちは、未踏の地を見る驚きの感情が弱まってしまっている。

SNSと「親密圏」の再考　また、いつの時代もニューメディアに敏感な性産業が、動画配信やライブ・チャット機能を活用しないはずがない。このようにして、寝室（個室）の情景が配信されるにいたると、プライヴェート（私的）なエリアとパブリック（公的）なエリアの境界線がまた一段と曖昧なものとなっていく。

社会学者ユルゲン・ハーバーマスは一九六二年に『公共性の構造転換』という、現在でもたびたび参照される著書を刊行している。これは、十八〜十九世紀にヨーロッパで確立された公共性の概念が、二十世紀中盤の社会・政治・経済・メディアの急激な変化によってどのように変化したかを構造的に分析した名著だが、デジタル・メディアの発達によって、かつてハーバーマスが前提・与件とした状況がさらに急激に変化した現在、同書が書かれた時点の批判精神にのっとって、公共性について再考することが急務であるように思われる。

とりわけ、「親密圏」という概念は再検討に値するだろう。ハーバーマスにおいては、十八世紀、ブルジョワ知識層の小家族の私的空間における言説の場である「親密圏」が、クラブやサロンなどと結びついた文芸的公共圏に代行されるようになり、そこから政治的公共圏が生まれてきたとされる。

ところが、現在の家族空間は、実態において、必ずしも家父長制を前提としていない。そのため、歴史的な視点を除いて見た場合、ハーバーマスの図式の説得力が弱くなっている部分がある。

いっぽう、SNS（ソーシャル・ネットワーキング・サービス、またはソーシャル・ネットワーキング・サイト）と呼ばれる会員制のネットワーク・サービスがインターネット上で急速に広まっている。SNSはもともと、ビジネスに焦点を当てて弱い紐帯を形づくっていく異業種交流会的なサービスのはずだった。しかし、日本においてはmixi（ミクシィ）の成功で、仕事のみならず、趣味、嗜好、恋愛などの私的領域に関係するネットワークが形成され、それがすべてではないものの、一種の電子的親密圏と呼べる要素をはらんできている点で、注目に値する。

しかし、SNSの歴史はまだ浅く、二〇〇四年にアメリカでGoogle社のorkutというSNSが成功をおさめると、日本でmixiやGREEが続いたばかりでまさに現在進行中の歴史である。SNSが今後、ネットワーキング・ビジネスとして成功するのか、あるいは社会的に新たな役割をもつのか、疑似家族を形成するところまでいくのか、その結果、ここに書いたように新たな親密圏となりうるのか、会員が増えていくのか、さらにそれらはインターネット登場以前のパソコン通信と本質的に違うのか、まだ誰も断言することはできない。

監視社会と自由　第8章第3節で、八〇年代から始まったCNNの大躍進について触れた。しかし、現在の大事件や大厄災は、偶然、現場に居合わせ、かつデジタル・ヴィデオやカメラ付き携帯電話をもっていた視聴者からの投稿によって映像が構成される場合も少なくない。テレビタレントやミュージシャンなどが深夜のレストランでデートしていたとして、いまやほとんどの人がカメラ付き携帯をもっている時代だ。プライヴァシーを完全に守ることなど至難の技なのである。総監視社会、相互監視社会の到来である。はやくからこのような時代が到来することを予期していた小説家J・G・バラードが小説『スーパー・カンヌ』で描いた清潔きわまりないビジネス・エリートたちの楽園（実はディストピア）にも、いたるところに監視カメラが埋めつくされていた。また、9・11以降のテロルに対する恐怖から、社会が過剰防衛になっていて、ふだん意識する以上に、われわれの権利や自由は束縛されている。歴史家ミシェル・フーコーが『監獄の誕生』で提示した、かつての一望監視のパノプティコン・モデルは、より分散化された監視社会モデルへと変貌を遂げた。よく考えてみよう。どちらが、より性質が悪いか。私たちは、（グローバルな）資本主義のなかの全体主義という二重構造のなかに立たされているかもしれないのだ。

5

デジタル社会の「空間」と「身体」

「近代空間」の限界と「収蔵体」

「空間」といったときに、まっ先に我々が思いうかべるものは、暗黙のうちに近代主義と近代芸術の影響を受けているといえるだろう。建築において、そのような近代空間の策定は、バウハウス最後の校長だった建築家ミース・ファン・デル・ローエがアメリカに亡命し、フィリップ・ジョンソンと組んで設計した一九五八年のシーグラム・ビル竣工をもって「国際様式」として完成した、とされる。このような近代空間は、格子状の座標によって区切ることができ、均質な性格をもち、場所を占める物の位置が特定でき、同じ条件を満たす空間と内容が交換可能な性格をもつとされ、その理念の具現化として、通称ホワイト・キューブと呼ばれる近（現）代美術館の空間がある。このことは、収蔵作品が別の美術館に運ばれ陳列される「巡回展」のスタイルを思いうかべると、わかりやすいだろう。しかし、やがて、さまざまな角度から近代空間を支える言説の有効性について懐疑の眼が向けられると、現在では近代空間を唯一の問題解決の空間だと認める言説は少なくなってきている。

その大きな理由のひとつに、コンピュータの進歩によって空間をめぐるさまざまなデータが記録可能になり、コンピュータを介在させることによってインタラクティヴ（相互作用的、対話的）な空間を人為的に作りだすようになったことがあげられる。また、現在の建築は複雑な構造計算をコンピュータに任せた流動的なフォルムが多いと評されている。しかし、もうひとつ、狭い意味での技術革新にとどまらず、近年の人文地理学の成果として、エドワード・ソジャ『ポストモダン地理学』のように、日常生活における複数の記憶と政治が織りなす場についての参与観察が進んだという要因も大きい。

美術史家ハル・フォスターは「近（現）代美術のアーカイヴ」という概念を提示している。アーカイヴとは文字どおりのかびくさい「古文書庫」ではなく、美術史家アビ・ヴァールブルクが私費を投じて制作していた、記憶の迷宮と呼ばれる「ムネモシュネ」プロジェクトや、美術評論家アンドレ・マルローの提唱した「空想美術館」（壁のない美術館）をさし、しかも、それを実在の空間ではなく電子的な収蔵体（アーカイヴ）として構築することを示唆している。このように、二〇世紀的な近代空間モデルではない、新たな空間モデルが必要とされている。

再定義が求められている「身体」　興味深いことに、「集成」「全文献」をあらわすｃｏｒｐｕｓという言葉は「身体」「死体」、さらに金融の世界では利子に対する「元本」の意味をもっている。つまり、ある観点から見た場合の十全なからだ、

「体（てい）をなす」の体（てい）というイメージをもっているのだ。空間と身体は、ルネサンスの大芸術家レオナルド・ダ・ヴィンチが紀元前一世紀のローマの建築家ウィトルウィウスの言説を引用して描いた素描「ウィトルウィウス的人体図」に象徴されるように、密接に関係している。

また、人体の属性を他の自然や幾何学的な空間のなかに見る考え方をアントロポモルフィズム（擬人主義、神人同形主義）と呼ぶ。現代のテレビ番組のロボット・アニメでも、ほとんどのロボットが人間に似せて描かれていることからもわかるように、この考え方には根強いものがある。近年発達の著しいロボット工学においても、ホンダの二足歩行ロボット「アシモ」に代表されるように、人間はついつい自分たちの似姿を人工物に求めているようだ。

しかし、分子生物学や遺伝子工学の発達は、人間の統合された身体像を求めるのとはまったく逆のベクトルで、還元主義にもとづいて人体を容赦なくミクロのレベルに分解・解体していく。人体の一部分に替わる人造器官の開発で、われわれは病気や事故にあった場合にも、より質の高い生活を長く送ることができるようになった。第6章第3節に述べた第二次世界大戦後のアメリカから始まるサイボーグ化は、すでに部分的実現を果たしている。こうした医学の進歩による恩恵は素直に認めなければいけないものの、一九九七年に受精卵からではなく成体の体細胞からクローン羊ドリーが誕生し、その後も牛、ハツカネズミなどで成体か

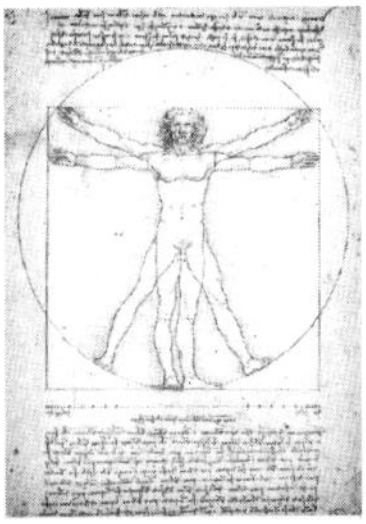
レオナルド・ダ・ヴィンチ
『ウィトルウィウス的人体図』

らのクローン化が成功しているとなると、話の意味は変わってくる。ヒトのクローン化に対する基礎研究も進んでいて、臓器などの究極の再生医療の可能性を示すと同時に、人類レベルでの根源的な生命倫理をゆるがす問題をはらんでいる。

さらにいえば、「身体」の概念は、上部で「国家」や「社会」にもくくりつけられている。経済的に見て、インターネットに接続できる身体とそうでない身体とのあいだには、「デジタル・デバイド」といわれる貧富の差の拡大が生まれる。また、ネットワークによる地球レベルでの連帯といっても、そこには、かなりの数のこぼれる者たちがいる。弱者、他者への視点を欠いてはいけない。クローン技術の発達は、じっさいにクローンを作りださないとしても、人権の軽視といった風潮につながりかねず、社会に新たなクライアント（＝主人）、サーバント（召使）システムを生みだす恐れがある。また、インターネットのなかの環境と、地球温暖化というレヴェルの環境とは、同じ「環境」といっても、意味が違う。

本章第1節で述べた無線ICタグ（RFID）の大きな長所は、トレーサビリティー（追跡可能性）に優れているところだ。人類の自己家畜化への懸念についての議論も出はじめている。デジタルの時代で非物質化が叫ばれても、「身体」は「自己」と「社会」をつなぐメディウム（媒介）であり、われわれには、わが身と、わが身を置く場の再定義が求められているといえよう。

二足歩行ロボット『アシモ』（写真提供・ホンダ）

【参考文献】

美崎薫著『ユビキタスがわかる本』(オーム社／２００４年)
板生清著『ウェアラブル・コンピュータとはなにか』(ＮＨＫブックス／２００４年)
アーウィン・パノフスキー著『ゴシック建築とスコラ学』(前川道郎訳／ちくま学芸文庫／２００１年)
カール・セーガン著『百億の星と千億の生命』(滋賀陽子、松田良一訳／新潮社／２００４年)
野尻抱介著『ＳＥＴＩ＠ｈｏｍｅファンブック――おうちのパソコンで宇宙人探し』(ローカス／２０００年)
ポール・ヴィリリオ著『情報化爆弾』(丸岡高弘訳／産業図書／１９９９年)
ＳＥＴＩ＠ｈｏｍｅプロジェクトのホームページ
http://www.planetary.or.jp/setiathome/home_japanese.html
飯沢耕太郎著『デジグラフィ』(中央公論新社／２００４年)
ヴィレム・フルッサー著『写真の哲学のために』(深川雅文訳／勁草書房／１９９９年)
ヴィレム・フルッサー著『テクノコードの誕生』(村上淳一訳／東京大学出版会／１９９７年)
ポール・ヴィリリオ著『瞬間の君臨』(土屋進訳／新評論／２００３年)
アラン・ソーカル、ジャン・ブリクモン著『知の欺瞞』(田崎晴明ほか訳／岩波書店／２０００年)
佐藤真著『ドキュメンタリー映画の地平』〈上〉〈下〉(凱風社／２００１年)
フランシス・フラハティ著『ある映画作家の旅―ロバート・フラハティ物語』(小川紳介訳／みすず書房／１９９４年)
コーリン・ロウ著『マニエリスムと近代建築』(伊藤豊雄ほか訳／彰国社／１９８１年)
ニコラス・ネグロポンテ著『ビーイング・デジタル―ビットの時代　新装版』(福岡洋一訳／アスキー／２００１年)
スーザン・ソンタグ著『写真論』(近藤耕人訳／晶文社／１９７９年)
ユルゲン・ハーバーマス著『公共性の構造転換』(細谷貞雄ほか訳／未来社／１９７３年)
Ｊ．Ｇ．バラード著『スーパー・カンヌ』(小山太一訳著／新潮社／２００２年)
ディヴィッド・ライアン著『９・１１以降の監視』(田嶋泰彦ほか訳、明石書店／２００４年)
ミシェル・フーコー著『監獄の誕生』(田村俶訳／新潮社／１９７７年)
フランツ・シュルツ著『評伝ミース・ファン・デル・ローエ』(沢村明訳／鹿島出版会／１９８７年)
松宮秀治著『ミュージアムの思想』(白水社／２００３年)
エドワード・Ｗ・ソジャ著『ポストモダン地理学』(加藤政洋ほか訳／青土社／２００３年)
Foster, Hal “Design and Crime and Other Diatribes” (Verso, 2002)
アイザック・アシモフ著『われはロボット』(小尾芙沙訳／早川書房／２００４年)
ダナ・ハラウェイ著『猿と女とサイボーグ―自然の再発明』(高橋さきの訳／青土社／２０００年)

情報メディア学を深めるための必読書

アンドレ・ルロワ＝グーラン『身ぶりと言葉』

（荒木亨訳／新潮社／1973年）

メディアを学ぼうとする者は誰もが読まなければならない必読書。近年のマルチメディアやヴァーチャル・リアリティをめぐる多くの議論はこの30年前の書物にすべておさえられている。人間とメディアというより、生命体とメディアの関係が圧倒的なダイナミズムで描かれている。

マーシャル・マクルーハン『人間拡張の原理／メディアの理解』

（後藤和彦、高儀進訳／竹内書店新社／1967年）

いわずと知れたマクルーハンの名作。さまざまなメディアによって我々が感覚や神経を拡張してきたように、新しく創造された認識方法が集約的に、組織的に、全人類社会に拡張しているという視点が貫ぬかれている。

ゲーリイ・ガンパート『メディアの時代』

（石丸正訳／新潮社／1990年）ISBN4-10-600373-2

人間が利用すべきメディアが今日ほど多様化し社会と個人に広く深く関わり、ものの見方と価値観の問いなおしを迫っている時代はない。電話やＴＶのような日常的なものからコンピュータや音響メディア、さらにエレクトロニクスとネットワークが結合したニューメディアまで、それらが人間の生き方にどのような意味をもつのか。メディアにどう対処し、メディアがつくりだした「地図のないコミュニティ」のなかでどう生きてゆくのかを問いかけた好著。

ハロルド・A・イニス『メディアの文明史／コミュニケーションの傾向性とその循環』

（久保秀幹訳／新曜社　1987年）

著者はマクルーハンに大きな影響を与えたコミュニケーション史研究の先達。コミュニケーション・メディアはそれ自体特定の民族や階級によって独占されるが、さらにそのことによってその時代その社会のなかで知識や権威の独占を引きおこす。しかしこの独占も、対立する傾向性をもった新しいメディアの出現によりうち破られ、新しい知識、新しい権威がそれにとって代わることになる。こうした循環史観がコミュニケーション・メディア史から文明史への橋渡しをしている。

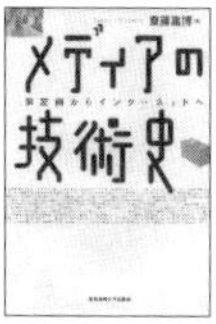

齋藤嘉博『メディアの技術史／洞窟画からインターネットへ』

（東京電機大学出版局／1999年）ISBN4-501-53010-3

文字の発明、印刷術の発明、写真、映画、電信と電話、ラジオとテレビ、コンピュータなどメディアの歴史を主として技術史の視点からとらえ、わかりやすく解説したもの、おおまかなメディア技術史を知るための一般書。

マーシャル・マクルーハン、エドモンド・カーペンター編著
『マクルーハン理論／メディアの理解／電子時代のコミュニケーション』

（大前正臣、後藤和彦訳／サイマル出版会／1967年）ISBN4-377-10002-5

マクルーハンとその研究協力者たちが、文字のない時代から宇宙中継の時代までのコミュニケーションを研究した成果を集めたもので、マクルーハニズムの理論の源泉を知るための最良の入門書になっている。鈴木大拙（禅の研究家）やフェルナン・レジェ（画家）が執筆しているのも興味深い。

バーバラ・M・スタフォード『アートフル・サイエンス』

（高山宏訳／産業図書／1997年）ISBN4-7828-0104-1

18世紀の視覚文化の驚異の異貌に21世紀の黎明を透かしみる新しいイメージ論。メディア・テクノロジーをもとにした視覚文化の新しい現象学。

ジョナサン・クレーリー『観察者の系譜／視覚空間の変容とモダニティ』

（遠藤知己訳／十月社／1997年）ISBN4-915665-56-9

近代性と観察者の問題、カメラ・オブスキュラとその主体、主観的視覚と五感の分離、観察者の諸技法など人とメディア・テクノロジーの本質的な問題がモダニティとの関連の上で鋭く考察されている。

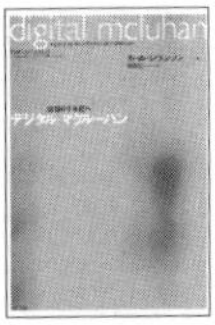

ポール・レヴィンソン『デジタル・マクルーハン／情報の千年紀へ』

（服部桂訳／ＮＴＴ出版／2000年）ISBN4-7571-0030-2

マクルーハンの仕事を現代のすべてのコミュニケーション領域に適用しようとする試み、インターネット時代の新しいメディアの理解の糸口が示されている。メディア進化のらせんのかたちがさまざまなアクチュアルな事例で浮き彫りにされている。

マイケル・ベネディクト編『サイバースペース』

（NTTヒューマンインタフェース研究所、鈴木圭介、山田和子訳／NTT出版／1994年）
ISBN4-87188-265-9

コンピューティングとコミュニケーションの現在を知るために欠かせない名著、ウィリアム・ギブソンやメレデイス・ブリッケンらが情報時代の第三ステージにおける基本的な視点とモデルを提示している。

ラースロー・モホリ＝ナギ『絵画・写真・映画』

（利光功訳／中央公論美術出版／1993年）ISBN4-8055-0228-2

バウハウスの中心人物ナギによる来たるべき時代のための映像メディア論。20世紀の視覚的造形の諸問題が抽出されるとともにイメージの歴史と未来が描きだされる。

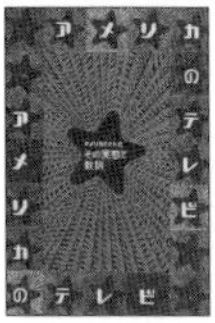

YTV編『アメリカのテレビ／その実態と教訓』
（読売テレビ放送株式会社／1969年）
世界一のテレビ王国アメリカ、そのテレビ界の表と裏を全体的に概観したもの。アメリカのテレビがどのような歴史をたどり、どのような機構をつくり、どのように運営されていて、どんな問題を抱え、それをどう処理しているのか、そしてそれはどういう方向へ発表しようとしているのか。そうしたことを客観的に解明しようとしている。

ジャン・ボードリヤール『消費社会の神話と構造』
（今村仁司、塚原史訳／紀伊国屋書店／1979年）
現代大衆社会の病理をテレビの映像からファッションや広告まで幅広いフィールドをカバーしながら分析した名著。

ウィルソン・ブライアン・キイ『潜在意識の誘惑／広告の図像学』
（管啓次郎訳／リブロポート／1992年）ISBN4-8457-0749-7
電子時代は狩猟者の時代であり、瞬時情報の時代である。この同時性はサブリミナルな領域（潜在意識領域）を意識の構造的な一部分として組みこむ。無意識への新しい視点を精密なメディア分析により提示した快作。

ルイス・マンフォード『機械の神話／技術と人類の発達』
（樋口清訳／河出書房新社／1981年）ISBN4-309-24007-0
文明やテクノロジーとそれをとりまく社会との相互作用をテーマにしてきたマンフォードのライフワークともいうべき書物、科学技術を重視する社会や科学技術の人間に対する意味を歴史全体にわたって詳細に検討した労作。

ロイ・アスコット『アート&テレマティークス／新しい「美」の理論構築に向けて』
（藤原えりみ訳／ＮＴＴ出版／1998年）ISBN4-7571-0004-3
電子情報時代の新しい美学の確立に向けて多方向から表現と創造の変容を分析した書物。ハイパーコーテックス（超皮膜）、テレノイア（電子時代のパラノイア）、テクノエシックスなど重要なタームがちりばめられている。

ジークフリード・ギーディオン『機械化の文化史／ものいわぬものの歴史』
（GK研究所・榮久庵祥二訳／鹿島出版会／1977年）ISBN4-306-04076-3
『空間・時間・建築』で、現代における思考と感情の間の亀裂を示そうとした著者が、さらに一歩進めて、この思考と感情の断絶がどのような経過をとって生じたのかを、現代生活の重要な側面である機械化の検討をつうじてたどったもの。機械化が人間環境におよぶプロセスとその効果がアクチュアルに描かれている。

マーシャル・マクルーハン、エリック・マクルーハン『メディアの法則』

（中澤豊訳／ＮＴＴ出版／2002年）ISBN4-7571-0066-3

次世代のための科学と芸術と教育の目標は、遺伝子コードの解読ではなく、知覚のコードの解読でなければならない。マクルーハン最後のメッセージは狭いメディア論の文脈を離れ、広大な知の全体像を浮かびあがらせる。

マックス・ベンゼ『情報美学入門』

（草深幸司訳／勁草書房／1997年）ISBN4-326-10118-0

「情報美学」という学問領域を切りひらいたベンゼによる情報論の基礎と応用。芸術・デザインを合理的、客観的に理解するための新しいアプローチが行われている。コンピュータ時代の芸術に革新的アイデアをもたらすと評価されたベンゼ美学への格好の入門書。

グレゴリー・ベイトソン『大衆プロパガンダ映画の誕生』

（宇波彰、平井正訳／御茶の水書房／1986年）ISBN4-275-00705-0

ドイツ映画「ヒトラー青年クヴェックス」の分析をつうじてナチズムの性質へ迫るメディア研究の名作。ナチスのプロパガンダの方法の一般的な概念と、そうした方法によって表現される生活についての特別な見方を得るため、映像・言葉・音の間の対位法的な関係を考察するというアプローチをとっている。

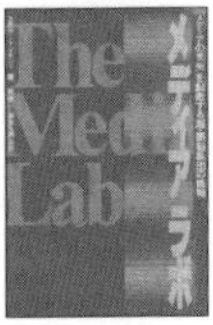

スチュアート・ブランド『メディアラボ／“メディアの未来”を創造する超・頭脳集団の挑戦』

（室謙二、麻生九美訳／福武書店／1988年）ISBN4-8288-1176-1

『ホールアース・カタログ』の編集発行人として有名な著者が、未来を発明するＭＩＴメディアラボを徹底取材し、コミュニケーション・メディア全体に起こっている大きな変革や個人のライフスタイルの変容を描きだしたもの。

W-J・オング『声の文化と文字の文化』

（桜井直文、林正寛、糟谷啓介訳／藤原書店／1991年）ISBN4-938661-36-5

人類全体の歴史のなかで生じたもっとも重要な移行である声を文化から文字の文化への変容を、「声としてのことば」「書くことは意識の構造を変える」「声の文化の心理的力学」など多視点から分析し、メディア学の基礎をつくりあげた名著。

ヴァルター・ベンヤミン『複製技術時代の芸術』

（高木久雄他訳／晶文社／1970年）

写真や映画などの複製技術の時代は芸術の根拠を儀式から政治に変え、厖大な大衆を自由に芸術へ招きいれることによって、参加の概念を変えてしまった。芸術の私有の観念を消しさった複製技術の意味に向きあい、その本質をえぐった先駆的映像芸術論。

マーシャル・マクルーハン『メディアはマッサージである』

（南博訳／河出書房／1968年）

マクルーハンの絵本。クエンティン・フィオーレの大胆なデザイン、レイアウトによる画期的なメディアブック。各ページからメディアの振動が発せられてくる。

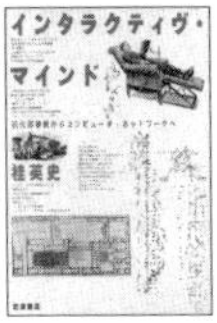

桂英史『インタラクティヴ・マインド／近代図書館からコンピュータ・ネットワークへ』

（岩波書店／1995年）ISBN4-00-000144-2

図書館の近代化は我々の知をいかに秩序化してきたのか。そしてコンピュータによる電子メディアの進化はそうした秩序をいかに変容させようとしているのか。機械論からメディア論への転換を”インタラクティブ・マインド”という言葉を手がかりに多元的に分析したもの。

ジョルジュ・ジャン『記号の歴史』

（矢島文夫監修、田辺希久子訳／創元社／1994年）ISBN4-422-21089-0

今から五千年前頃、特定の言語を表記する文字が考案された。それ以降の記号体系を、各国、各民族、各文化ごとに時代の変化を追ってダイナミックにまとめたもの。

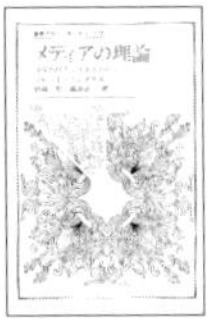

フレッド・イングリス『メディアの理論／情報化社会を生きるために』

（伊藤誓、磯山甚一訳／法政大学出版局／1992年）ISBN4-588-00372-0

「体験を知識に変換するもの」としてのメディア五千年の歴史をたどる好著。文化全般にわたる考察をつうじて現在までのメディア論の流れを概括し、情報化社会における大衆文化としてのメディアの政治経済学を構築する。

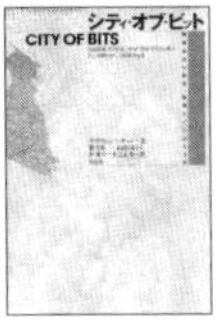

ウィリアム・J・ミッチェル『シティ・オブ・ビット』

（掛井秀一、田島則行、仲隆介、本江正茂訳／彰国社／1996年）ISBN4-395-05090-5

ＭＩＴの建築学部長を務めた著者が、情報革命が都市・建築をどのように変えてゆくかを考察したもの。インフォバーンでつなげられた仮想空間と現実空間が織りなす新しいタイプの都市の誕生とその未来を、ビットの概念によって分析した新都市論。

D・J・ブーアスティン『幻影の時代／マスコミが製造する事実』

（星野郁美、藤和彦訳／東京創元社／1964年）ISBN4-488-00669-8

ニュースの取材からニュースの製造へ、旅行者から観光客へ、形から影へ、理想からイメージへ、メディアとテクノロジーにより変容する人間の世界の本質を鮮やかに描きだした名作。

ヴォルフガング・シベルブシュ『鉄道旅行の歴史／十九世紀における空間と時間の工業化』
（加藤二郎訳／法政大学出版局／1982年）
鉄道の出現と写真の誕生を結びつけ、汽車の窓から見るパノラマ的知覚が写真や映像のヴィジョンと重なっていることを指摘し、19世紀における空間と時間の構造化が21世紀の我々の知覚の基本になっていることを実証した卓抜なメディア論。

グレゴリイ・ベイトソン、ユルゲン・ロイシュ『精神のコミュニケーション』
（佐藤悦子、R・ボスバーグ訳／新思索社／1995年）ISBN4-7835-1174-8
個人、集団、文化を貫ぬいて広がる人間コミュニケーション論の試み、のちに＜ダブルバインド論＞へと結実するコミュニケーション問題の本質がここには記されている。20世紀の辺境を渉猟した知の狩人ベイトソンのもうひとつのメディア論としても読める。

ブリュノ・ブラセル『本の歴史』
（木村恵一訳／創元社／1998年）ISBN4-422-21140-4
書物の歴史というと通常はグーテンベルグから始まるが、愛書家の国フランスらしくマニュスクリプト（手書き本）時代の考察にも大きなスペースをさいている。本というメディアの忘れられた可能性への言及にも注目したい。

港千尋『映像論／＜光の世紀＞から＜記憶の世紀＞へ』
（日本放送出版協会／1998年）ISBN4-14-001827-5
写真、映画、テレビからデジタル・イメージにいたる、人間の映像体験の意味を根底から問いなおすとともに、視覚優位の社会の盲点を突き、21世紀へ向けて、身体性や記憶の復権をめざし、新しい映像文化の胎動をも予見している。

ジェイムズ・モナコ『映画の教科書／どのように映画を読むか』
（岩本憲児他訳／フィルムアート社／1983年）
「芸術としての映画」「映像と音のテクノロジー」から「映像の文法」「メディア・デモクラシーに向かって」まで、映画の全体像を歴史的な厚みのなかで詳細にとらえた重要書。巻末の映画用語集も充実している。

ベラ・バラージュ『視覚的人間／映画のドラマツルギー』
（佐々木基一、高村宏訳／岩波文庫／1986年）ISBN4-00-335571-7
無声映画が頂点をむかえた1924年に発表された先駆的な映像論、クローズアップ・モンタージュ論などを中心に映画という新しい視覚芸術のもつ独自の表現、原理、可能性を追求した。

ヴァルター・ベンヤミン『図説／写真小史』

（久保哲司編訳／ちくま学芸文庫／1998年）ISBN4-480-08419-3

芸術から「いまーここ」という一回性の＜アウラ＞が消滅する複製技術時代にあって、写真はどのような可能性をはらみ、どのような使命を課せられなければならなかったのか。写真のメディア性を考えるとき、誰もが向きあわざるをえない必読書。

ウィリアム・アイヴィンス『ヴィジュアル・コミュニケーションの歴史』

（白石和也訳／晶文社／1984年）ISBN4-7949-5676-2

活版印刷の発明を抜きに西欧の近代文明を語ることはできないが、同様に図版を正確かつ大量に複製する技術は芸術のみならず近代諸科学にも計りしれぬ推進力となった。15世紀に書物に挿絵をつけることが考えだされて以降、19世紀の写真術誕生にいたるまで、情報の伝達手段として大きな影響力をもった複製図版の歴史を解明したもの。

ジゼル・フロイント『写真と社会／メディアのポリティーク』

（佐藤秀樹訳／御茶の水書房／1986年）ISBN4-275-00682-8

写真を産業社会のなかで流通する商品とみなし、商品としての写真の構造を広い社会的な文脈のなかで徹底的に分析している。

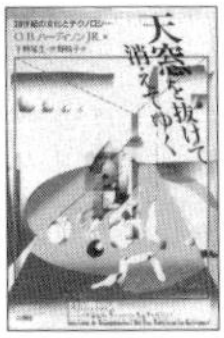

O・B・ハーディソン『天窓を抜けて消えてゆく／20世紀の文化とテクノロジー』

（下野隆生、水野精子訳／白揚社／1993年）ISBN4-8269-0055-4

幅広いジャンルから精選された情報を集めて20世紀の芸術、科学、テクノロジーの明快なパースペクティブを描く快作。

ノルベルト・ボルツ『世界コミュニケーション』

（村上淳一訳／東京大学出版会／2002年）ISBN4-13-010090-4

知覚の対象が＜世界＞ではなく＜コミュニケーション＞になった世界コミュニケーションの時代を鋭く分析したもの。世界コミュニケーションとは時間をとらえるために空間を放棄することであるというボルツの言葉どおり、新しいコミュニケーション・メディアにより大きなバイアスがかけられてゆく現代の特性を浮びあがらせる。

ノーバート・ウィーナー『人間機械論／人間の人間的な利用』

（鎮目恭夫、池原止戈夫訳／みすず書房／1979年）ISBN4-632-01609-5

人間社会は、それがもつメッセージと通信媒体の研究を通じて初めて理解できることを洞察した歴史的名著。さらにこれらのメッセージや通信媒体が発達するにつれ、人から機械へ、機械から人へ、また機械と機械との間のメッセージがますます重要になることが示されている。

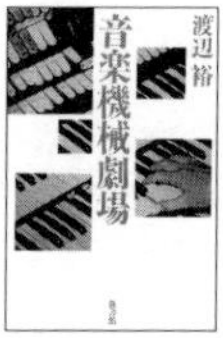

渡辺裕『音楽機械劇場』

（新書館／1997年）ISBN4-403-23050-4

電気メディア登場以前の音のメディアであった、自動ピアノに代表される自動音楽装置や新種の楽器、初期の蓄音機を中心に、技術と音楽の創作・受容との関係を考察している。

細川周平『レコードの美学』

（勁草書房／1990年）ISBN4-326-85105-8

レコードに代表される音の複製技術が、音楽や社会にどのような影響をもたらし、新しい美学を生みだしたかを論じた音楽社会学の名著。ジョン・ケージやクリスチャン・マークレイといった再生メディアを音楽生成の新しいツールとした重要な作家の活動も知ることができる。

水越伸『メディアの生成／アメリカ・ラジオの動態史』

（同文館出版／1993年）ISBN4-495-85771-1

アメリカにラジオ局が誕生した1920年代を中心に、双方向の無線通信からラジオというマスメディアへと変動していった電波メディアを、当時の社会や産業のダイナミックな変化とともに紹介している。

パトリス・フリッシー『メディアの近代史／公共空間と私生活のゆらぎのなかで』

（江下雅之、山本淑子訳／水声社／2005年）ISBN4-89176-552-6

18世紀後半から現在までのメディアの変遷を、技術革新史や社会の変化だけでなく、さまざまなコミュニケーション・システムがなぜ生成したのかを社会と技術の相互作用を中心に立体的に再検証した、フランスのメディア研究では基本文献とされている書籍。

川上和久『メディアの進化と権力』

（NTT出版／1997年）ISBN4-87188-483-X

つねにメディア上につきまとう、さまざまな社会的・政治的な情報の操作について、主に日本での事例をもとに考察している。情報が氾濫するネットワーク時代の人とメディアとの関わりにとって重要な視点が取りあげられている。

粉川哲夫『カフカと情報化社会』

（未来社／1990年）ISBN4-624-01100-7

難解な現代文学の代表とされるカフカの小説を、メディア論的思考で読みかえす一冊。新しいメディアだけがニュー・メディアじゃない、という逆説的思考に著者の批評精神を見る。文化研究とあえて言わない文化研究的アプローチがよい。

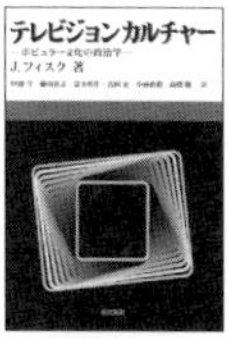

ジョン・フィスク『テレビジョン・カルチャー』

（伊藤守ほか訳／梓出版社／1996年）ISBN4-87262-204-9

イギリスの文化研究の第一人者がテレビ文化の解読の方法を教える。客観的で平坦だと思っていた表象の地平に潜む権力や政治や偏見のバイアスをわかりやすく解説。この考え方はメディア研究にもアートにも応用ができる。

佐々木敦『テクノ／ロジカル／音楽論』

（リットーミュージック／2005年）ISBN4-8456-1254-2

CDの誤作動によるエラーから生まれる音響（グリッチ・ノイズ）を作品化とするオヴァルや刀根泰尚、メルツバウに代表されるノイズ・ミュージックなど、本文中であまり触れることができなかった電子音楽家とその作品を俯瞰しつつ、メディア・テクノロジーと音楽表現の最前線を探る。

伊藤俊治『電子美術論』

（NTT出版／1999年）ISBN4-7571-0014-0

知覚、生命、記憶、仮想現実、インタラクティヴ性といったキーワードを軸に、1980年代以降に登場した主要なメディア・アート作品について考察するとともに、これらの作品を通じた人間の感覚と我々をとりまく情報環境との共振についても検証する評論集。

『テクノカルチャー・マトリクス』

（伊藤俊治監修／NTT出版／1994年）ISBN4-87188-259-4

科学と芸術の接合点に立ちあらわれるさまざまな事象について、空間、時間、身体、感覚、物質、媒体、機械、情報、遊戯、伝達の10テーマにそって書かれた100の論考集。ドッグイヤー的に激変する現在の技術進化状況にあっても、各論の新鮮さは失われていない。本書のサブテキストとして参照してもらいたい。

フリードリヒ・キットラー『グラモフォン・フィルム・タイプライター』

（石光泰夫、石光輝子訳／筑摩書房／1999年）ISBN4-480-84706-5

蓄音機、映画、タイプライターという３つのメディア装置を軸に、メディア史的な視点から出発するも、メディア論にとどまらず現代思想、精神分析学など膨大な領域に論を進める、ある意味ポスト・マクルーハン的といえる書籍。さまざまなメディア装置の変遷と社会的役割をたどるだけでも興味はつきない。

喜多千草『インターネットの思想史』

（青土社／2003年）ISBN4-7917-6021-2

元ＴＶ番組ディレクターの研究者が、定説とされるインターネットの起源に小さな疑問をもち、丹念な資料収集と当事者への聞きとり調査をもとに、インターネットの歴史を細密に書きなおした好著。われわれもまた起源への疑問をたえずもたなければいけない。

ローレンス・レッシグ『コモンズ』

（山形浩生訳／翔泳社／2002年）ISBN4-7981-0204-0

デジタルで何でもコピーできるようになって、ネットでほとんど何でも見れるようかのようになって、著作権・所有権を守ることも大切だ。が、行きすぎた所有権の拡大は文明を滅びさせると警告している。著者は憲法学者。

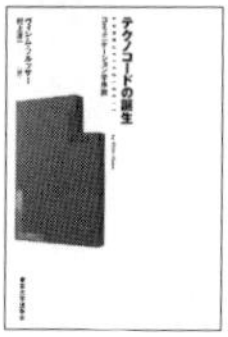

ヴィレム・フルッサー『テクノコードの誕生』

（村上淳一訳／東京大学出版会／1997年）ISBN4-13-010079-3

文字というコードの体系が作った文明から、写真、ヴィデオ、ＣＧなどテクノコードの文化へ。コミュニケーションと文明が大きな転換点に来ていることを長大なビジョンで書きはじめた、事実上の未完の書。この本がもつ射程はあまりに広い。フルッサーの後継者を待つ。

アラン・ソーカル、ジャン・プリクモン『知の欺瞞』

（田崎晴明ほか訳／岩波書店／2000年）ISBN4-00-005678-6

いわゆる「ソーカル事件」。ひとりの科学者が変名で書いた科学的には間違いだらけのパロディ論文が、レフェリーがいるはずの社会科学の学会誌に掲載されたのだから、大スキャンダルを巻きおこした。翻訳の副題にあるように、ポストモダン思想における科学の濫用は慎むべきだ、という自然科学の側からの 強い警告の書。

キャロリン・マーヴィン『古いメディアが新しかった時』

（吉見俊哉ほか訳／新曜社／2003年）ISBN4-7885-0868-0

古い文献を考古学すると、電気をめぐって、忘れさられたさまざまな「身体装置」が発掘される。この本のなかでは十九世紀末当時の 無線、電信、電話、ラジオ等の夢の残骸が陳列されている。そこには社会制度とそれらを成立させてきた政治が読んで取れる。現代を知り、未来を読む には、まず過去に何が埋もれているかを知れ。

スラヴォイ・ジジェク『「テロル」と戦争』

（長原豊訳／青土社／2003年）ISBN4-7917-6023-9

ＴＶメディアを通じて流された9.11の映像を、まるでハリウッド映画であるかのように感じてしまった人は多いはずだ。現代大衆文化をフロイト、ラカンの精神分析理論をもとにして説明できる著者によるすぐれた9.11以降の論。副題「〈現実界〉の砂漠へようこそ」 は、ＳＦ映画『マトリックス』のモーフィアスの台詞をもじっている。

リチャード・ストールマン『フリーソフトウエアと自由な社会』

（株式会社ロングーテルほか訳／アスキー／2003年）ISBN4-7561-4281-8

フリーソフトウエア財団を設立したストールマンのエッセイや講演記録を集めて一冊にした本。レッシグ『コ モンズ』と併読してみよう。社会に対する先見性を持った優秀なプログラマーであるストールマンの言説が与える影響力の大きさは、後世、マルクスたちと並べ比較されて論じられるかもしれない。

索引

用語索引

人名索引

伊藤俊治（いとう としはる）
美術史家／東京藝術大学先端芸術表現科教授
美術史・写真史・美術評論・メディア論などを中軸としつつ、建築・デザインから音楽・映画まで、19世紀文化、20世紀文化全般にわたる旺盛な評論活動を展開。主な著書に『電子美術論』（NTT出版／1999年）、『機械美術論』（岩波書店／1991年）、『20世紀写真史』（筑摩書房／1988年）、『ジオラマ論』（リブロポート／1986年）、『生体廃墟論』（リブロポート／1986年）、『写真と絵画のアルケオロジー -遠近法リアリズム記憶の変容』（白水社／1987年）、『マジカル・ヘアー -髪のエロスとコスモス』（パルコ出版／1987年）、『ディスコミュニケーション』（植島啓司との共著、リブロポート／1988年）、『バリ島芸術をつくった男―ヴァルター・シュピースの魔術的人生』（平凡社新書／2002年）など。本シリーズの編集委員長を務める。

野々村文宏（ののむら ふみひろ）
メディア史、メディア研究家、編集研究家、批評家／和光大学芸術学科准教授
1961年生まれ。編集者を皮切りに、コンピュータなどのデジタル・メディア、現代美術、建築、音楽など各ジャンルの企画立案、制作、評論執筆活動に入る。共著に『200テクノ／エレクトロニカ—新世代電子音楽ディスクガイド』（立風書房／2002年）。評論「サバービアの欲望、近代建築が隠していたもの、パヴィリオン」『ダン・グレアムによるダン・グレアム展』カタログ（千葉市美術館、北九州市立美術館／2003年）。共訳書にN・チョムスキー『知識人の責任』（青弓社／2006年）ほかがある。デジタル技術の発達により、実験映画やドキュメンタリー映画と現在美術の映像表現がクロスオーバーしつつある現在、「映像領域の再編成に向けて」という題名で同時進行的な論考を紀要に連載中。

港千尋（みなと ちひろ）
写真家／評論家／多摩美術大学情報デザイン学科教授
1960年神奈川県生まれ。早稲田大学政経学部政治学科卒業。1982年ガセイ奨学金（アルゼンチン）を受け、南米各地に滞在し写真をはじめる。1985年よりパリを拠点にアーティストとして活動を開始、「大西洋」「赤道」「ドナウ河」等、国境を超えた撮影プロジェクトを行う。1989年のベルリンの壁崩壊、東欧革命、ユーゴ内戦などの取材を期に『群衆論』を上梓、本格的な文筆活動に入る。『群衆論』『考える皮膚』『明日、広場で』『注視者の日記』『記憶』『映像論』『洞窟論』などの写真集、評論集を多数刊行。現在は映像と言語の多元的統合をめざしながら、「記憶」をテーマに、映像人類学的探求をユーラシア大陸、オーストラリア、太平洋などで行う。2002～2003年度はオックスフォード大学とパリ大学で客員研究員を務める。アジア各地の映像作家やアーティストを日本に紹介する展覧会を開催するなど、キュレーターとしての顔ももつ。2007年第52回ベネチアビエンナーレでは、日本館コミッショナーを務めた。

有馬純寿（ありま すみひさ）
サウンド・アーティスト／帝塚山学院大学人間科学部准教授
1965年生まれ。サウンド・アーティストとしてノイズ、エレクトロニカから現代音楽までエレクトロニクスやコンピュータを用いた音響表現を中心に、ジャンルを横断する活動を国内外で展開している。作品形態もライブ・パフォーマンスからCD、サウンド・インスタレーション作品など幅広い。会田誠、小沢剛ら同年生まれのアーティストとの「昭和40年会」をはじめ美術家とのコラボレーションや国内外の展覧会への参加も多い。また、「人工生命の美学」展（1993年）のキュレーションなどのメディア・アート作品の展覧会制作にも携わる。主なCDに『Archipelago』、『Autrement qu'etre』、『A Study in helix』があるほか、『作曲の20世紀』、『人工生命の美学』、『美術館革命』、『インターメディウム・テキストブック』、『情報の宇宙と変容する表現』（いずれも共著）など音楽、アート、メディアに関する著作も多い。

執筆・写真協力　中野明／野尻抱介／山根信二／ビデオアクト／稲盛財団／ホンダ／株式会社ワーナー・マイカル／パイオニア株式会社／Ingo Günter／mamieMu／通信総合博物館／株式会社ソニー／日本ビクター株式会社／株式会社モリダイラ楽器／ロイター＝共同／AP/WWF／

写真提供　伊藤俊治／港千尋／野々村文宏／有馬純寿

- 本書の内容に関する質問は，オーム社ホームページの「サポート」から，「お問合せ」の「書籍に関するお問合せ」をご参照いただくか，または書状にてオーム社編集局宛にお願いします．お受けできる質問は本書で紹介した内容に限らせていただきます．なお，電話での質問にはお答えできませんので，あらかじめご了承ください．
- 万一，落丁・乱丁の場合は，送料当社負担でお取替えいたします．当社販売課宛にお送りください．
- 本書の一部の複写複製を希望される場合は，本書扉裏を参照してください．

情報メディア・スタディシリーズ
情報メディア学入門

2006年 8月22日　第1版第1刷発行
2025年 4月10日　第1版第9刷発行

編　者　伊藤俊治
発行者　髙田光明
発行所　株式会社 オーム社
郵便番号 101-8460
東京都千代田区神田錦町3-1
電 話 03(3233)0641(代表)
URL https://www.ohmsha.co.jp/

組版　マツダオフィス　　印刷・製本　壮光舎印刷
ISBN978-4-274-94711-7　Printed in Japan